工业和信息化人才培养规划教材　高职高专计算机系列

Authorware 中文版
实例教程（第2版）

Authorware Examples Tutorial

方艳辉 刘佳 ◎ 主编

饶军辉 赖利君 侯小丽 ◎ 副主编

U0347295

人民邮电出版社
北 京

图书在版编目（CIP）数据

Authorware中文版实例教程 / 方艳辉，刘佳主编
. -- 2版. -- 北京 : 人民邮电出版社，2013.2（2021.1 重印）
工业和信息化人才培养规划教材. 高职高专计算机系
列
ISBN 978-7-115-30541-1

Ⅰ. ①A… Ⅱ. ①方… ②刘… Ⅲ. ①多媒体—软件工
具—高等职业教育—教材 Ⅳ. ①TP311.56

中国版本图书馆CIP数据核字 (2013) 第004245号

内 容 提 要

本书全面系统地介绍了 Authorware 的基本操作方法和影视后期的设计制作技巧，包括 Authorware 快速入门，图形和图像，文本的操作，"显示"图标，程序暂停与内容擦除，声音与视频处理，动画的使用，变量和函数的使用，创建路径动画，交互程序设计，判断、导航及框架，知识对象的应用以及模组与作品发布等内容。

本书各章内容的讲解均以课堂案例为主线，通过各案例的具体操作，学生可以快速熟悉软件功能和影视后期设计思路。书中的软件功能解析部分可以帮助学生深入学习软件功能和影视后期制作技巧，课后习题可以提高学生的软件使用技巧，拓展学生的实际应用能力。

本书适合作为高等职业院校"数字媒体艺术"专业课程的教材，也可作为 Authorware 自学人员的参考用书。

◆ 主 　编　方艳辉　刘 佳
　　副主编　饶军辉　赖利君　侯小丽
　　责任编辑　桑 珊

◆ 人民邮电出版社出版发行　　北京市丰台区成寿寺路 11 号
　　邮编　100164　电子邮件　315@ptpress.com.cn
　　网址　http://www.ptpress.com.cn
　　北京七彩京通数码快印有限公司印刷

◆ 开本：787×1092　1/16
　　印张：17.25　　　　　　　2013 年 2 月第 2 版
　　字数：429 千字　　　　　2021 年 1 月北京第 9 次印刷

ISBN 978-7-115-30541-1

定价：39.80 元（附光盘）

读者服务热线：(010) 81055256　印装质量热线：(010) 81055316
反盗版热线：(010) 81055315

第 2 版前言

Authorware 是由 Macromedia 公司（现已被 Adobe 公司收购）开发的多媒体制作软件。它功能强大、易学易用，深受广大多媒体制作爱好者和设计师的喜爱，已经成为这一领域最流行的软件之一。目前，我国很多高等职业院校的数字媒体艺术专业，都将"Authorware"作为一门重要的专业课程。为了帮助高职院校的教师能够比较全面、系统地讲授这门课程，使学生能够熟练地使用 Authorware 来进行多媒体作品的设计创作，我们几位长期在高职院校从事 Authorware 教学的教师和专业设计公司经验丰富的设计师合作，共同编写了本书。

我们对本书的体系结构做了精心的设计，按照"课堂案例 – 软件功能解析 – 课后习题"这一思路进行编排，力求通过课堂案例演练，使学生快速熟悉软件功能和设计排版思路；通过软件功能解析使学生深入学习软件功能；通过课堂练习和课后习题，拓展学生的实际应用能力。在内容编写方面，我们力求细致全面、重点突出；在文字叙述方面，我们注意言简意赅、通俗易懂；在案例选取方面，我们强调案例的针对性和实用性。

本书配套光盘中包含了书中所有案例的素材及效果文件。另外，为方便教师教学，本书配备了详尽的课后习题操作步骤以及 PPT 课件、教学大纲等丰富的教学资源，任课教师可登录人民邮电出版社教学服务与资源网（www.ptpedu.com.cn）免费下载使用。本书的参考学时为 45 学时，其中实践环节为 16 学时，各章的参考学时可以参见下面的学时分配表。

章　　节	课 程 内 容	学 时 分 配	
		讲　授	实　训
第 1 章	Authorware 快速入门	1	
第 2 章	图形和图像	3	2
第 3 章	文本的操作	2	1
第 4 章	"显示"图标	1	
第 5 章	程序暂停与内容擦除	2	1
第 6 章	声音与视频处理	2	1
第 7 章	动画的使用	2	1
第 8 章	变量和函数的使用	3	2
第 9 章	创建路径动画	2	1
第 10 章	交互程序设计	5	4
第 11 章	判断、导航及框架	2	1
第 12 章	知识对象的应用	3	2
第 13 章	模组与作品发布	1	
课 时 总 计		29	16

本书由河北科技学院方艳辉、哈尔滨师范大学刘佳任主编，鹰潭职业技术学院饶军辉、四川商务职业学院赖利君、太原城市职业技术学院侯小丽任副主编，参与本书编写工作的还有周建国、葛润平、张文达、张丽丽、张旭、吕娜、李悦、崔桂青、尹国勤、张岩、王丽丹、王攀、陈东生、周亚宁、贾楠、程磊等。

由于作者水平有限，书中难免存在疏漏和不妥之处，敬请广大读者批评指正。

编 者

2012 年 12 月

Authorware 实例教程教学辅助资源及配套教辅

素材类型	名称或数量	素材类型	名称或数量
教学大纲	1 套	课堂实例	16 个
电子教案	13 单元	课后实例	10 个
PPT 课件	13 个	课后答案	10 个
第 2 章 图形和图像	绘制风景画	第 8 章 变量和函数的使用	制作电子时钟
	为风景画填充颜色		随机播放音乐
	制作相册	第 9 章 创建路径动画	制作飞舞的蝴蝶
	制作植树情况图表		制作雪中的飞鸟
第 3 章 文本的操作	制作汉堡广告	第 10 章 交互程序设计	制作礼物相册
	制作网页文字		制作儿童照片电子相册
第 5 章 程序暂停 与内容擦除	制作假日照片自动浏览		制作古诗词欣赏
	制作网页图片自动浏览		制作登录系统
第 6 章 声音与视频 处理	制作四季风景		控制影片播放速度
	制作图文并茂的动画	第 11 章 判断、导航及 框架	制作闪烁的文字
	制作个人网站		制作照片的自动播放
第 7 章 动画的使用	制作网站动画	第 12 章 知识对象的 应用	制作测试题
	制作栏目片头		制作提示对话框

目 录

第1章
Authorware 快速入门

本章主要介绍 Authorware 的基础知识，包括特点、工作界面、简单多媒体程序的制作流程、程序调试的方法，以及文件保存、关闭和打开的方法。通过本章的学习，读者可以快速掌握这些基础理论，有助于更快、更准确地掌握 Authorware。

课堂学习目标

- Authorware 的特点
- Authorware 的工作界面
- 创建一个简单的多媒体程序
- 程序的基本调试
- 文件的保存、关闭和打开

1.1 Authorware 的特点

Authorware 是美国 Macromedia 公司（现已被 Adobe 公司收购）的产品，自 1987 年问世以来，在国际上已经成为课件制作、网络培训和远程教育领域的标准开发工具，半数以上的多媒体作品都是利用它设计的。它能够综合利用各种多媒体数据和资源，创建具有良好交互性和强大表现力的多媒体作品。相对于其他多媒体创作工具，Authorware 具有以下特点。

（1）丰富的图标工具

Authorware 是利用图标来组织多媒体信息的，每个图标都是一个独立的程序模块，可以实现包括图形图像、文字声音、视频动画等内容的引用和显示。Authorware 提供的图标工具使用户无需编程就可以编制简单的多媒体作品。

（2）基于流程线的程序结构

Authorware 用流程线组织图标，可以实现分支、循环、导航和交互，用户可以清晰地了解程序的执行路线，便于分析调试，也便于进行结构化的程序设计。

（3）集成的用户界面

Authorware 能够给设计者提供一个高效的程序设计界面，能够方便地进行搭建程序流程结构、引用各种媒体素材和调试程序等工作，并且可以在屏幕上立即显示出程序的运行效果。

（4）支持丰富的媒体类型

Authorware 能够支持多种类型的文件，如 BMP、TIF、TGA、PCX、JPG、PSD 等图片文件，WAV、MIDI、MP3 等声音文件，FLI、FLC、AVI、MPEG 等动画文件，还可以支持 GIF 动画、Flash 动画、Quick Time 动画等。

（5）动态画面

Authorware 不仅可以播放一些已经制作好的外部动画及视频文件，还可以通过程序控制显示窗口内对象的移动以形成简单的路径动画。另外，还可以使用一些特殊的显示或擦除过渡效果，如马赛克、淡入/淡出等，使程序画面显得生动有趣、丰富多彩。

（6）编程环境

Authorware 提供丰富的变量和函数，能够实现诸如循环、条件分支、数字计算和逻辑操作等程序功能，还可以通过编程有效地加强对各种媒体内容的控制能力。

（7）打包发布

Authorware 的作品在设计完成后，可以通过发布程序形成独立的、与平台无关的应用程序，使之可以脱离 Authorware 制作环境而独立运行于 Windows 系统中。

（8）网络应用

通过发布程序还可以将利用 Authorware 制作的多媒体作品打包成为可以在网络环境下运行的多媒体程序，采用知识流技术使普通上网用户可以流畅地播放多媒体作品。

1.2 Authorware 的工作界面

熟练掌握工作界面是学习 Authorware 的基础，有助于初学者日后得心应手地驾驭 Authorware。Authorware 的工作界面主要由标题栏、菜单栏、常用工具栏、图标工具栏、流程设计窗口、属性面板、变量面板和函数面板等组成，如图 1-1 所示。

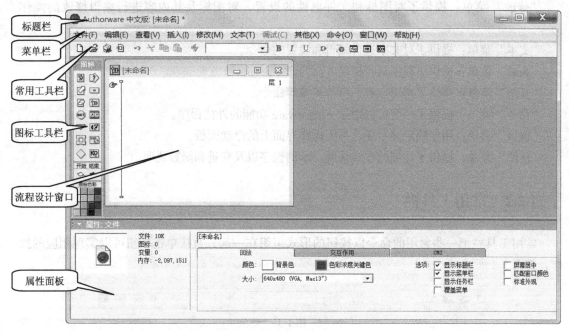

图 1-1

（1）菜单栏：菜单栏中共包含 11 个菜单命令。

（2）常用工具栏：是把一些常用的命令以按钮的形式组织在一起，使用时直接单击按钮就可以实现操作或打开相应的面板。

（3）图标工具栏：提供了进行多媒体创作的基本单元——图标，每个图标具有丰富而独特的作用。

（4）流程设计窗口：是进行 Authorware 程序设计的基本操作窗口。

（5）属性面板：能够根据选择的图标自动显示不同的属性内容。当没有选择任何图标时，属性面板自动显示当前文件的属性。

1.2.1　菜单栏

Authorware 的菜单栏依次分为：文件菜单、编辑菜单、查看菜单、插入菜单、修改菜单、文本菜单、调试菜单、其他菜单、命令菜单、窗口菜单和帮助菜单，如图 1-2 所示。

文件(F)　编辑(E)　查看(V)　插入(I)　修改(M)　文本(T)　调试(C)　其他(X)　命令(O)　窗口(W)　帮助(H)

图 1-2

"文件"菜单：主要提供基本文件操作、素材导入导出、模型保存，以及打印、打包、发送电子邮件等操作。

"编辑"菜单：提供了对流程线上的图标或画面上的对象进行剪切、复制和查找等常用编辑功能。

"查看"菜单：用于设置操作界面，控制是否显示编辑网格等。

"插入"菜单：能够在流程线或演示窗口中插入一些对象或媒体动画。

"修改"菜单：提供了对图标和文件属性的设置，对图标及其内容进行编辑修改的操作命令。

"文本"菜单：提供了对文字进行编辑和设置的命令。

"调试"菜单：提供了程序运行控制方面的命令。

"其他"菜单：提供了拼写检查、声音转换等命令。

"命令"菜单：提供了一些可以增强 Authorware 功能的外挂程序。

"窗口"菜单：用于确定显示还是关闭操作界面上的浮动面板。

"帮助"菜单：提供了详细的在线帮助、示例程序以及变量和函数说明。

1.2.2 常用工具栏

常用工具栏把一些常用的命令以按钮的形式组织在一起，直接单击按钮可以实现相应的操作，如图 1-3 所示。

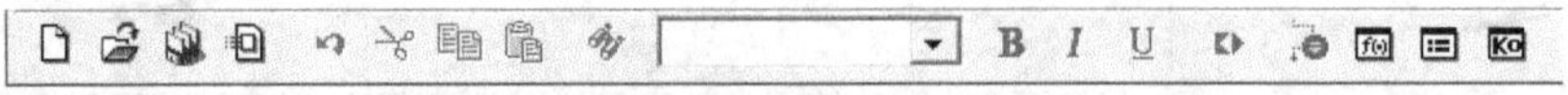

图 1-3

"新建"按钮：新建一个 Authorware 文件或库。

"打开"按钮：打开一个已存在的文件或库。

"保存"按钮：对编辑的文件或库进行保存，但不退出编辑状态。

"导入"按钮：输入外部的图形图像或文本。

"还原"按钮：可还原本次修改以前的内容。

"剪切"按钮：把选中的内容从文件中剪切掉，放到剪切板中。

"复制"按钮：把选中的内容复制到剪切板中。

"粘贴"按钮：可以将剪切板中的内容粘贴到文件中。

"查找"按钮：可以查找文件中的图标名称、变量及图标里的文字等。

"文本风格"列表按钮：可以选择一种文本风格以应用于文本。

"粗体"按钮 B：使选中的文字变为粗体。

"斜体"按钮 I：使选中的文字变为斜体。

"下划线"按钮 U：为选中的文字添加下划线。

"运行"按钮：运行当前正在编辑的 Authorware 程序。

"控制面板"按钮：调出程序运行控制面板，可以进行跟踪调试。

"函数"按钮：调出函数面板。

"变量"按钮：调出变量面板。

"知识对象"按钮：调出知识对象面板。

1.2.3 图标工具栏

图标工具栏提供了多个图标用于多媒体的创作，每个图标具有独特的作用，如图 1-4 所示。

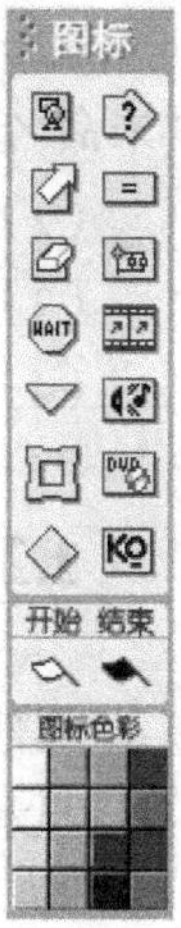

"显示"图标图：显示文字、图形、静态图像等，这些图形图像或文字可以从外部导入，也可直接用 Authorware 提供的绘图工具创建。

"交互"图标？：提供用户响应，实现人机交互。Authorware 提供了多种交互类型，使人机交互的方式更加多样化。

"移动"图标图：使选定图标中的内容（文字、图片和动画等）实现简单的路径动画，有多种运动方式。

"计算"图标=：是存放程序的地方。Authorware 的图标能够实现一些基本的功能，但要制作比较专业的多媒体作品，还需要通过程序来辅助进行。这些程序的载体就是计算图标。

"擦除"图标图：擦除选定图标中的文字、图片、声音和动画等。

"群组"图标圖：程序窗口的大小是有限的，太多的图标放在同一条流程线上不利于程序的优化。通过群组图标可以把流程线上的多个图标组合到一起，形成下一级流程窗口，从而缩短流程线并进行模块设计。

图 1-4

"等待"图标(WAIT)：使程序暂停，直到设计者设定的响应条件得到满足为止。

"数字电影"图标圖：又被称为动画图标，利用它可以播放 AVI、FLI、FLC、MOV 等格式的数字电影和动画。

"导航"图标▽：用于建立超级链接，实现超媒体导航。

"声音"图标圖：可以播放声音文件，并且可以对播放方式进行控制。

"框架"图标口：是交互图标与导航图标的结合，可以制作翻页结构或超文本链接。

"DVD"图标圖：控制 DVD 文件和设备的播放。

"判断"图标◇：按照设定方式确定流程到底沿着哪个分支执行。

"知识对象"图标KO：在流程线上添加一个空白的知识对象图标，以便用户进行设置。

"流程开始"图标◁：用于程序的调试。把此标志旗放在流程线上，当用"Start from Flag"命令执行程序时，Authorware 会从标记所在处执行作品。

"流程停止"图标◆：把此标志旗放在流程线上，当执行程序时遇到这个标志会立即停止。

"调色板"图标▓：用于为图标着色，可以让程序开发者方便地区分各类图标，它对程序的最后执行没有影响。

1.2.4 流程设计窗口

流程设计窗口：是进行 Authorware 程序设计的基本操作窗口，如图 1-5 所示。

图 1-5

（1）程序名称：标题栏上为程序的文件名，在未给当前程序命名之前，系统自动生成名称"未命名"。

（2）流程线：窗口左侧的从上到下的直线称为流程线，对图标的操作必须在流程线上进行。

（3）当前窗口层次：窗口右上方的文字"层 1"代表当前窗口是第一层。

（4）当前位置指示：窗口中的手图标用于指示当前选择的图标位置。

1.2.5 属性面板

属性面板能够根据选择的图标自动显示不同的属性内容。当没有选择任何图标时，属性面板自动显示当前文件的属性，如图 1-6 所示。

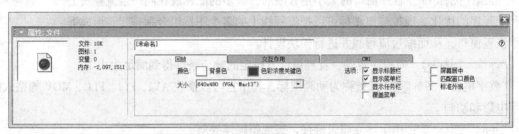

图 1-6

1.3 创建一个简单的多媒体程序

选择"文件 > 新建 > 文件"命令，新建文档。在图标工具栏中单击"显示"图标圞，并将其拖曳到流程设计窗口中的流程线上，如图 1-7 所示。选中图标的名称，将其重新命名为"图片"，如图 1-8 所示。

图 1-7

图 1-8

提示 　一个新的显示图标被拖曳到流程线上时，其默认的名称为"未命名"。

用鼠标双击流程设计窗口中的"显示"图标圞，弹出演示窗口，同时会弹出一个工具箱，可以在其中选择输入文字或绘制图形的工具，如图 1-9 所示。

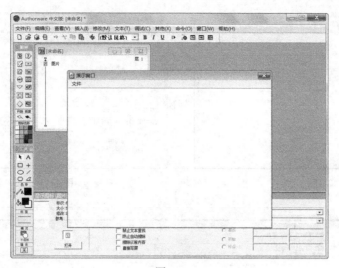

图 1-9

首先为程序添加一幅图片，选择"文件 > 导入和导出 > 导入媒体"命令，在弹出的"导入哪个文件？"对话框中选择要导入的图片，如图 1-10 所示，单击"导入"按钮，将图片导入到演示窗口中，如图 1-11 所示。单击演示窗口右上方的"关闭"按钮 ，关闭演示窗口，返回到流程设计窗口。

图 1-10

图 1-11

提示　在"导入哪个文件？"对话框中，如果想查看图片的预览效果，可以勾选"显示预览"复选框，在对话框的右侧即可显示预览图片。

其次为程序添加一段音乐。在图标工具栏中单击"声音"图标，并将其拖曳到流程设计窗口中的流程线上，选中图标的名称，将其重新命名为"声音"，如图 1-12 所示。

用鼠标双击流程设计窗口中的"声音"图标，弹出声音图标"属性"面板，在面板中单击"导入"按钮，在弹出的"导入哪个文件？"对话框中选择要导入的声音文件，如图 1-13 所示，单击"导入"按钮，将声音文件导入。在"属性"面板中可以查看声音的属性，如图 1-14 所示，关闭"属性"面板。

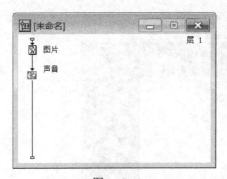

图 1-12

图 1-13

图 1-14

选择"调试 > 重新开始"命令运行设置好的程序，可以看见导入的图片并听见音乐。

选择"调试 > 停止"命令结束运行程序。

1.4　程序的基本调试

在程序设计的过程中，需要对程序进行反复的调试与修改，直到最终达到完美的效果。

1.4.1　程序控制面板

程序控制面板是一个可关闭的浮动面板，它用简单的操作按钮来代替菜单命令，使程序的调试操作方便快捷。

选择"窗口 > 控制面板"命令（快捷键为<Ctrl>+<2>）或单击常用工具栏中的"控制面板"按钮，调出程序控制面板，如图 1-15 所示。单击控制面板右侧的"显示跟踪"按钮，扩展控制面板，包含了更多的按钮和可以跟踪程序的跟踪窗口，如图 1-16 所示。

控制面板

图 1-15　　　　图 1-16

"运行"按钮 ：用于从头开始执行整个程序。

"复位"按钮 ：用于重新设置程序状态为初始状态，清除控制面板下方跟踪窗口中的所有信息。

提示　若流程线上没有开始标志旗，Authorware 在跟踪窗口中显示一段虚线并从头开始跟踪；当程序中已经放置了开始标志旗时，Authorware 将从标志旗处开始新的跟踪。

"停止"按钮 ■：用于停止程序的执行。

"暂停"按钮 ■：用于暂停程序的执行。

"播放"按钮 ▶：用于继续执行程序。

"显示/隐藏跟踪"按钮 ⏯/⏯：用于显示或隐藏跟踪窗口。

"从标志旗开始执行"按钮 ⏵：用于从开始标志旗处执行程序。其作用与常用工具栏中的"从标志旗开始执行"按钮 ⏵ 的作用相同。

"初始化到标志旗处"按钮 ⏸：用于重新设置跟踪窗口中的内容，从开始标志旗处执行。

"向后执行一步"按钮 ⊖：单击此按钮，Authorware 执行下一个图标。如果遇到群组图标，Authorware 在跟踪窗口中只显示进入群组图标和执行完群组图标两种状态，而不显示群组图标内部其他图标的具体执行情况，也就是说不具体执行每一个图标，而是不受控制地从群组头执行到群组尾。

"向前执行一步"按钮 ⊘：单击此按钮，Authorware 执行上一个图标。如果遇到群组图标，会逐一显示群组图标中的每一个图标的执行情况。并且可以在跟踪窗口中清楚地看到群组图标内图标的执行情况，从而深入地调试程序。

"打开跟踪方式"按钮 ⏹：用于打开或关闭跟踪信息。

"显示看不见的对象"按钮 ▦：单击此按钮，在演示窗口中可以查看通常情况下看不到的对象，如目标区域响应的目标区域，热区响应的热区等。

1.4.2　局部调试

在图标工具栏中将"开始"标志旗 ⚑ 拖曳到流程线的顶端，如图 1-17 所示，此时白色的标志旗就会停留在流程线上，图标工具栏中原来放置"开始"标志旗的位置成为空白，如图 1-18 所示。

将"停止"标志旗 ⚑ 拖曳到流程线上两个图标之间，如图 1-19 所示，图标工具栏中原来放置"停止"标志旗的位置成为空白。

图 1-17

图 1-18

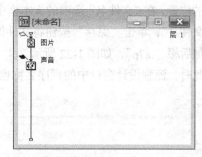
图 1-19

此时，常用工具栏中的"运行"按钮 ▷ 变为"从标志旗开始执行"按钮 ⏵。单击"从标志旗开始执行"按钮 ⏵，从标志旗开始执行程序，但只显示图片而没有声音，这是因为程序只执行了两个标志旗中间的部分。从"开始"标志旗开始，执行了显示图标，显示出图片，然后遇到"停止"标志旗就停止了运行，而声音图标没有被执行，所以没有播放音乐。

将"停止"标志旗 ⚑ 向下拖曳到流程线的下方，如图 1-20 所示，此时单击"从标志旗开始执行"按钮 ⏵，将显示图片并播放音乐。

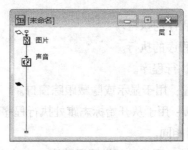

图 1-20

如果不想使用标志旗，只要在图标工具栏中单击标志旗原始的位置，标志旗即可返回到图标工具栏中，程序中对调试起止位置的设置也就不再起作用。

提示　在 Authorware 文件中，同时只能设置一个开始标志旗和一个停止标志旗，可以直接在流程线上拖曳标志旗改变其位置。开始标志旗和停止标志旗只是在 Authorware 文件调试过程中使用的辅助工具。在文件打包过程中，不管用户收没收回这两个标志，它们都不会被带进最后打包形成的文件。

1.5　文件的保存、关闭和打开

在创作过程中为了防止突发状况而导致文件丢失，要及时保存制作中的文件。当停止工作时，要关闭当前的文件。当再次工作时，需要打开保存过的文件。

1.5.1　保存文件

当要保存文件时，选择"文件 > 保存"命令，在弹出的"保存文件为"对话框中设置保存文件的位置，在"文件名"选项的文本框中输入要保存文件的名称，如图 1-21 所示，文件名为"多媒体文件 1"，单击"保存"按钮将文件保存，系统自动以 Authorware 程序文件的格式进行保存并添加后缀".a7p"，如图 1-22 所示。

此时，流程设计窗口中的程序名称也转换为"多媒体文件 1.a7p"，如图 1-23 所示。

图 1-21　　　　　　　　　　　　　　　　　图 1-22

图 1-23

1.5.2　关闭文件

如果不想继续修改当前程序文件或是需要打开其他文件，就要先关闭当前文件。选择"文件 > 关闭"命令，将当前文件关闭。如果对当前文件进行了修改并忘记了保存，那么在选择此命令时将弹出提示对话框，如图 1-24 所示，询问是否保存对文件的修改。

单击"是"按钮，保存对程序的修改然后关闭程序；单击"否"按钮，不保存对程序的修改然后关闭程序；单击"取消"按钮，将取消关闭程序的命令。

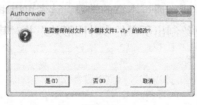

图 1-24

1.5.3　打开文件

如果想要打开一个 Authorware 程序文件，选择"文件 > 打开 > 文件"命令，在弹出的"选择文件"对话框中选择要打开的文件，如图 1-25 所示，单击"打开"按钮，文件被导入到流程设计窗口中，即可进行编辑。

图 1-25

第2章
图形和图像

本章主要介绍 Authorware 绘制图形的技巧，讲解了设置多种线型和填充模式的方法以及如何设置图像的显示模式。通过本章的学习，读者可以掌握绘制图形、设置线型与填充色的方法和技巧，独立绘制出所需的多种图形效果并对其进行编辑，为进一步学习 Authorware 打下坚实的基础。

课堂学习目标

- 使用绘图工具箱
- 设置线型、颜色和填充模式
- 图像的使用

2.1 使用绘图工具箱

Authorware 提供了一些基本的绘图工具，可以应用这些工具来绘制直线、矩形、圆形、椭圆形和多边形等。虽然绘制这些基本图形相对较为简单，但 Authorware 的绘图工具为设计多媒体作品提供了很大的方便。

选择"文件 > 新建 > 文件"命令，新建文档。将图标工具栏中的"显示"图标 拖曳到流程设计窗口中的流程线上，如图 2-1 所示。用鼠标双击流程设计窗口中的"显示"图标 ，弹出演示窗口如图 2-2 所示，同时会弹出一个工具箱如图 2-3 所示。

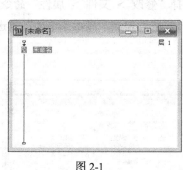
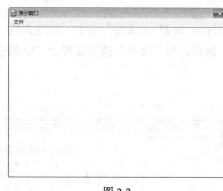

图 2-1 　　　　　图 2-2 　　　　　图 2-3

工具箱各工具功能如下。

"选择/移动"工具 ：用于选择单个直线、图形或同时选取多个直线、图形。

"文本"工具 A：用于文本的输入和编辑。

"矩形"工具 □：用于绘制矩形。

"直线"工具 ＋：用于绘制水平线、垂直线或 45° 的斜线。

"椭圆"工具 ○：用于绘制椭圆形。

"斜线"工具 ／：用于绘制各种角度的斜线。

"圆角矩形"工具 ▢：用于绘制圆角矩形。

"多边形"工具 ◿：用于绘制多边形。

色彩选择区：用于设置图形的线框颜色和填充颜色。

线型选择区：用于设置线条的粗细或是否带箭头。

模式选择区：用于设置多个图形互相叠盖时的显示模式。

填充选择区：用于设置图形的填充模式。

2.1.1 课堂案例——绘制风景画

【案例学习目标】使用绘图工具绘制基本图形。

【案例知识要点】使用圆角矩形工具绘制外框；使用矩形工具绘制建筑物和树干；使用椭圆工具绘制树、云和太阳图形；使用多边形工具绘制草；使用斜线工具绘制太阳光。最终效果如

图 2-4 所示。

【效果所在位置】光盘/Ch02/效果/制作风景画.a7p。

图 2-4

（1）选择"文件 > 新建 > 文件"命令，新建文档。选择"修改 > 文件 > 属性"命令，弹出"属性：文件"面板，将"大小"选项设置为"根据变量"，取消勾选"显示菜单栏"复选框，如图 2-5 所示。

图 2-5

（2）将图标工具栏中的"显示"图标圆拖曳到流程设计窗口中的流程线上，并将其重新命名为"风景画"，如图 2-6 所示。双击"显示"图标圆，弹出演示窗口。在工具箱中选择"圆角矩形"工具○，并在演示窗口中绘制一个圆角矩形，如图 2-7 所示。

图 2-6

图 2-7

（3）拖曳圆角矩形左上方的控制点改变矩形的形状，如图 2-8 所示。选择"矩形"工具□，在页面中适当的位置绘制一个矩形，如图 2-9 所示。

图 2-8   图 2-9

（4）用相同的方法绘制多个矩形，如图 2-10 所示。再绘制一个矩形，如图 2-11 所示。按 <Ctrl>+<C>组合键，复制图形；按<Ctrl>+<V>组合键，粘贴图形。选择"选择/移动"工具 ，将其拖曳到适当的位置，如图 2-12 所示。

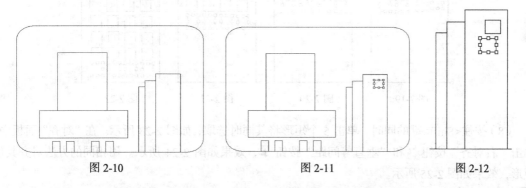

图 2-10   图 2-11   图 2-12

（5）用相同的方法再复制 2 个图形，如图 2-13 所示。按住<Shift>键的同时，单击 4 个矩形将其同时选取，如图 2-14 所示。按<Ctrl>+<Alt>+<K>组合键，弹出"对齐"面板，单击"垂直中心对齐"按钮 和"垂直等间距"按钮 ，效果如图 2-15 所示。

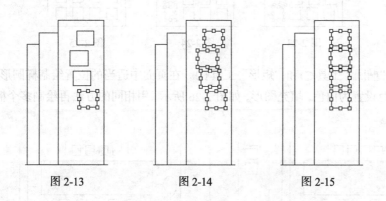

图 2-13   图 2-14   图 2-15

（6）选择"矩形"工具 ，按住<Shift>键的同时，在页面中适当的位置绘制一个正方形，如图 2-16 所示。按<Ctrl>+<C>组合键，复制图形；按<Ctrl>+<V>组合键，粘贴图形。选择"选择/移动"工具 ，将其拖曳到适当的位置，如图 2-17 所示。用相同的方法再复制 2 个图形，如图 2-18 所示。

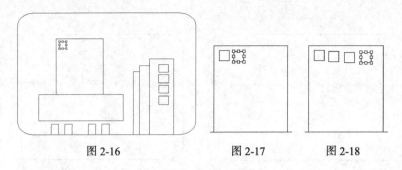

图 2-16   图 2-17   图 2-18

（7）按住<Shift>键的同时，单击 4 个矩形将其同时选取，如图 2-19 所示。在"对齐"面板中，单击"下对齐"按钮 和"水平等间距"按钮 ，效果如图 2-20 所示。按<Ctrl>+<C>组合键，复制图形；按<Ctrl>+<V>组合键，粘贴图形。选择"选择/移动"工具 ，将其拖曳到适当的位置，如图 2-21 所示。用相同的方法再复制 3 组矩形，如图 2-22 所示。

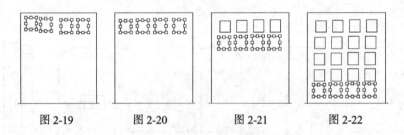

图 2-19   图 2-20   图 2-21   图 2-22

（8）按住<Shift>键的同时，单击 5 个矩形将其同时选取，如图 2-23 所示。在"对齐"面板中，单击"右对齐"按钮 和"垂直等间距"按钮 ，效果如图 2-24 所示。用相同的方法对齐其他矩形，效果如图 2-25 所示。

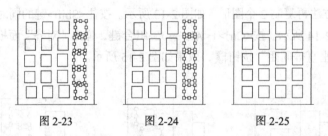

图 2-23   图 2-24   图 2-25

（9）选择"椭圆"工具 和"矩形"工具 ，在页面中适当的位置绘制椭圆形和矩形，并将填充色的前景色设置为白色，填充图形，如图 2-26 所示。用相同的方法再绘制多个椭圆形和矩形，如图 2-27 所示。

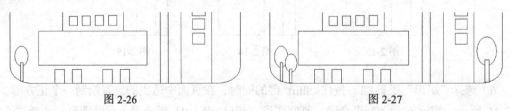

图 2-26   图 2-27

（10）选择"多边形"工具 ，在页面中适当的位置绘制一个三角形，如图 2-28 所示。按<Ctrl>+<C>组合键，复制图形；按<Ctrl>+<V>组合键，粘贴图形。选择"选择/移动"工具 ，将其拖曳到适当的位置，如图 2-29 所示。拖曳上方中间的控制手柄到适当的位置，垂直翻转图形，效果如图 2-30 所示。

（11）按住<Shift>键的同时，单击 2 个三角形将其同时选取，复制图形，并将其拖曳到适当的位置，如图 2-31 所示。用相同的方法再复制一个三角形，并调整其位置，如图 2-32 所示。选择"多边形"工具 ◿，再绘制多个多边形，如图 2-33 所示。

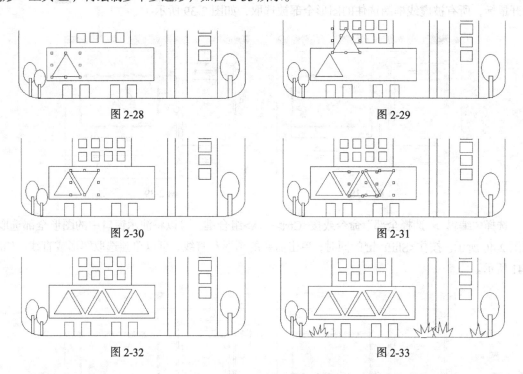

图 2-28　　　　　　　　　　　　　　　图 2-29

图 2-30　　　　　　　　　　　　　　　图 2-31

图 2-32　　　　　　　　　　　　　　　图 2-33

（12）选择"椭圆"工具 ◯，在页面中适当的位置绘制多个椭圆形，如图 2-34 所示。按住<Shift>键的同时，绘制一个圆形，如图 2-35 所示。

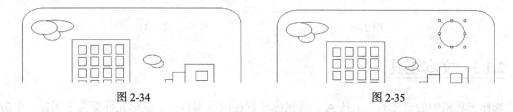

图 2-34　　　　　　　　　　　　　　　图 2-35

（13）选择"斜线"工具 ╱，在页面中适当的位置绘制一条斜线，如图 2-36 所示。用相同的方法再绘制多条斜线，风景画绘制完成，效果如图 2-37 所示。

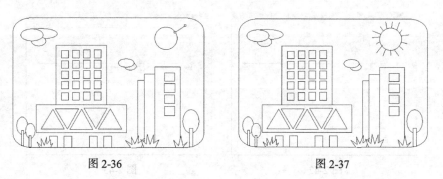

图 2-36　　　　　　　　　　　　　　　图 2-37

2.1.2　选择/移动工具

选择工具箱中的"选择/移动"工具 ▶，在演示窗口中拖曳出一个虚线框，如图 2-38 所示。松开鼠标，所有被虚线框圈选住的图形全部被选取，如图 2-39 所示。

图 2-38

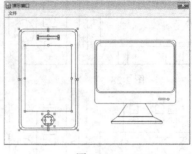

图 2-39

选择"编辑 > 选择全部"命令或按<Ctrl>+<A>组合键，可以将演示窗口中的图形全部选取，如图 2-40 所示。按住<Shift>键的同时，单击需要的图形和直线，可以单独选取图形或直线，如图 2-41 所示。

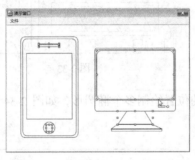

图 2-40

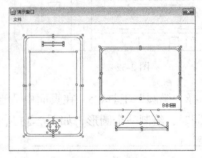

图 2-41

2.1.3　文本工具

选择工具箱中的"文本"工具 A，将鼠标放置在演示窗口中，鼠标光标变为 I 图标，单击鼠标出现一条直线为缩排线，缩排线的左下方有个闪动的光标，如图 2-42 所示。输入文字"触屏手机、液晶显示器，数字化的现代生活。"，如图 2-43 所示。

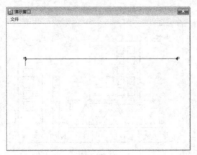

图 2-42

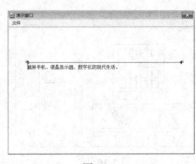

图 2-43

选择工具箱中的"选择/移动"工具 ▶，退出文字工具状态，缩排线消失，文字效果如图 2-44 所示。

触屏手机、液晶显示器，数字化的现代生活。

图 2-44

2.1.4　直线工具

选择工具箱中的"直线"工具 ＋，将鼠标放置在演示窗口中，鼠标光标变为 ＋，并按住鼠标不放，从上向下拖曳鼠标，绘制出一条垂直直线，松开鼠标，效果如图 2-45 所示。在直线的右侧继续绘制，绘制出一条 45° 的斜线，效果如图 2-46 所示。用相同的方法，绘制出尺子图形，效果如图 2-47 所示。

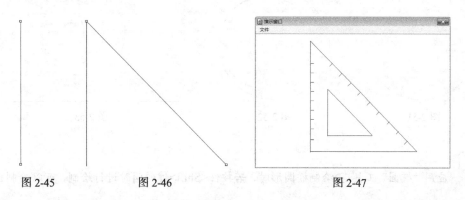

图 2-45　　　　　　图 2-46　　　　　　　　　图 2-47

提示　应用"直线"工具 ＋ 绘制出的直线只能为水平线、垂直线或 45° 的斜线。

2.1.5　斜线工具

选择工具箱中的"斜线"工具 ╱，将鼠标放置在演示窗口中，按住鼠标不放，从左上方向右下方拖曳鼠标，绘制出一条斜线，松开鼠标，效果如图 2-48 所示。在斜线的上方继续绘制第 2 条斜线，效果如图 2-49 所示。用相同的方法，绘制出图形，效果如图 2-50 所示。

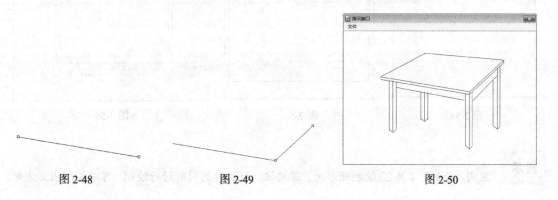

图 2-48　　　　　　　图 2-49　　　　　　　　　图 2-50

2.1.6 椭圆工具

选择工具箱中的"椭圆"工具○，将鼠标放置在演示窗口中，从左上方向右下方拖曳鼠标，绘制出一个椭圆形，松开鼠标，效果如图 2-51 所示。在椭圆形的里面继续绘制第 2 个椭圆形，效果如图 2-52 所示。用相同的方法，继续绘制图形效果如图 2-53 所示。

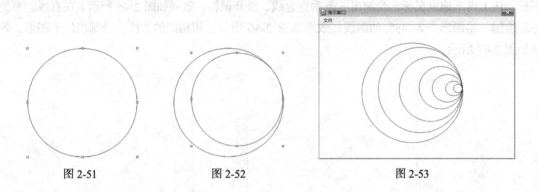

图 2-51 图 2-52 图 2-53

2.1.7 矩形工具

选择工具箱中的"矩形"工具□，将鼠标放置在演示窗口中，从左上方向右下方拖曳鼠标，绘制出一个矩形，松开鼠标，效果如图 2-54 所示。在该矩形里继续绘制一个矩形，效果如图 2-55 所示。用相同的方法，绘制出的效果如图 2-56 所示。

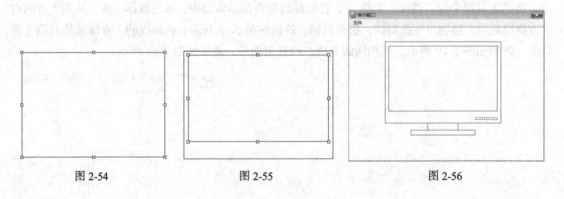

图 2-54 图 2-55 图 2-56

2.1.8 圆角矩形工具

选择工具箱中的"圆角矩形"工具 ▭，将鼠标放置在演示窗口中，从左上方向右下方拖曳鼠标，绘制出一个圆角矩形，圆角矩形内部的左上方出现一个控制点，如图 2-57 所示。向圆角矩形的中心拖曳控制点来改变圆角的半径尺寸，效果如图 2-58 所示。用相同的方法，绘制出效果如图 2-59 所示的图形。

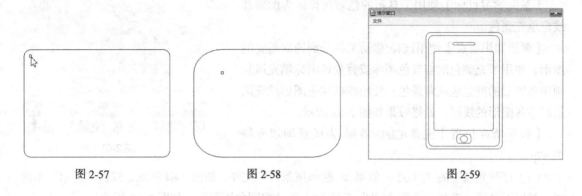

图 2-57　　　　　　　　　　图 2-58　　　　　　　　　　图 2-59

2.1.9 多边形工具

选择工具箱中的"多边形"工具 ◿，在演示窗口中单击鼠标确定起始点，向下拖曳鼠标，在鼠标光标的下面出现一条直线，如图 2-60 所示。单击鼠标确定第 2 个位置点，再继续拖曳鼠标绘制直线，如图 2-61 所示。用相同的方法绘制出多边形图形，效果如图 2-62 所示。

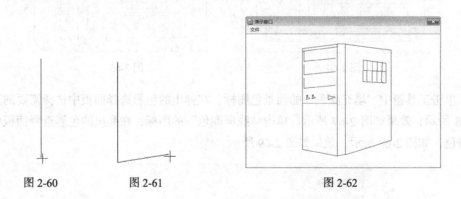

图 2-60　　　　图 2-61　　　　　　　　　　图 2-62

2.2 设置线型、颜色和填充模式

在设计的过程中有时需要调整线条的粗细、颜色，或为线条添加箭头，还可以为一些封闭的图形添加颜色或样式。

命令介绍

线框颜色图标：为图形填充线框。

填充颜色的前景色或背景色图标：为图形填充前景色或背景色。

2.2.1　课堂案例——为风景画填充颜色

【案例学习目标】使用工具箱的色彩选择区为图形和
线框填充颜色。

【案例知识要点】使用选择/移动工具分别选取需要的
图形；使用填充颜色的前景色图标或背景色图标填充风景
画中各图形的前景色或背景色；使用线框颜色图标填充风
景画中各图形的线框。最终效果如图 2-63 所示。

【效果所在位置】光盘/Ch02/效果/为风景画填充颜
色.a7p。

图 2-63

（1）打开光盘中的"Ch02 > 效果 > 绘制风景画"文件，如图 2-64 所示。双击"显示"图标
图，弹出工具箱，选择"选择/移动"工具 ，并选取圆角矩形框，如图 2-65 所示。

图 2-64

图 2-65

（2）单击工具箱中"填充颜色"的前景色图标，在弹出的色彩选择面板中选择需要的颜色，
如图 2-66 所示，效果如图 2-67 所示。单击"线框颜色"的图标，在弹出的色彩选择面板中选择
需要的颜色，如图 2-68 所示，效果如图 2-69 所示。

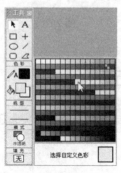

图 2-66

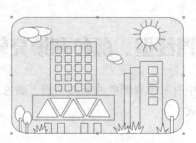

图 2-67

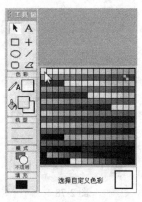

图 2-68   图 2-69

（3）选取需要的椭圆形，如图 2-70 所示。单击工具箱中"填充颜色"的前景色图标，在弹出的色彩选择面板中选择需要的颜色，如图 2-71 所示，效果如图 2-72 所示。

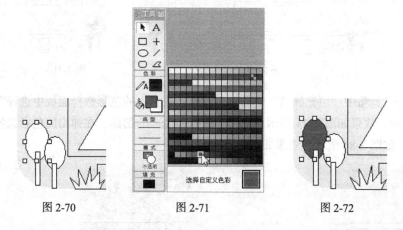

图 2-70   图 2-71   图 2-72

（4）单击"线框颜色"的图标，在弹出的色彩选择面板中选择需要的颜色，如图 2-73 所示，效果如图 2-74 所示。

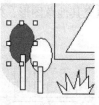

图 2-73   图 2-74

（5）选取需要的矩形，如图 2-75 所示。单击工具箱中"填充颜色"的背景色图标，在弹出的色彩选择面板中选择需要的颜色，如图 2-76 所示，效果如图 2-77 所示。单击"线框颜色"的图标，在弹出的色彩选择面板中选择需要的颜色，如图 2-78 所示，效果如图 2-79 所示。

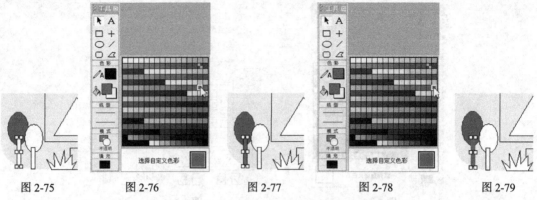

图 2-75　　　　　图 2-76　　　　　图 2-77　　　　　图 2-78　　　　　图 2-79

（6）用相同的方法填充其他树图形，效果如图 2-80 所示。选取草图形，如图 2-81 所示。

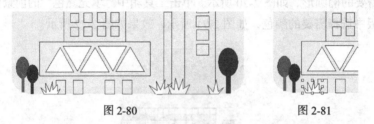

图 2-80　　　　　　　　　　　图 2-81

（7）单击工具箱中"填充颜色"的前景色图标，在弹出的色彩选择面板中选择需要的颜色，如图 2-82 所示，效果如图 2-83 所示。单击"线框颜色"的图标，在弹出的色彩选择面板中选择需要的颜色，如图 2-84 所示，效果如图 2-85 所示。

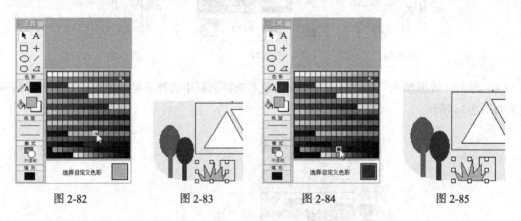

图 2-82　　　　　图 2-83　　　　　图 2-84　　　　　图 2-85

（8）用相同的方法填充其他草图形，效果如图 2-86 所示。选取楼图形，如图 2-87 所示。

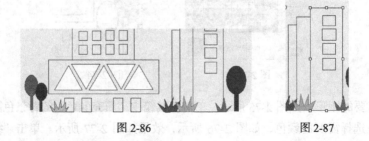

图 2-86　　　　　　　　　　　图 2-87

（9）单击工具箱中"填充颜色"的前景色图标，在弹出的色彩选择面板中选择需要的颜色，如图 2-88 所示，效果如图 2-89 所示。单击"线框颜色"的图标，在弹出的色彩选择面板中选择需要的颜色，如图 2-90 所示，效果如图 2-91 所示。

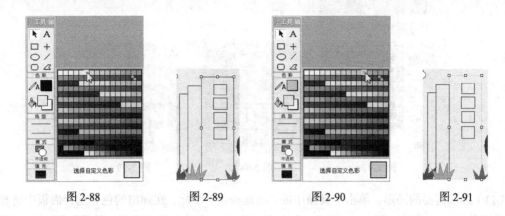

图 2-88　　　　　　　图 2-89　　　　　　　图 2-90　　　　　　　图 2-91

（10）用相同的方法为其他楼房填充适当的填充色及线框色，效果如图 2-92 所示。选取需要的图形，如图 2-93 所示。

图 2-92　　　　　　　图 2-93

（11）单击工具箱中"填充颜色"的前景色图标，在弹出的色彩选择面板中选择白色，填充图形。单击"线框颜色"的图标，在弹出的色彩选择面板中选择需要的颜色，如图 2-94 所示，效果如图 2-95 所示。用相同的颜色填充其他 3 个矩形，效果如图 2-96 所示。

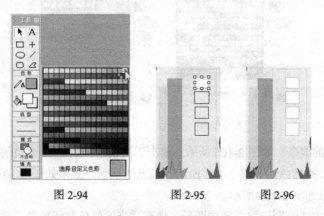

图 2-94　　　　　　　图 2-95　　　　图 2-96

（12）选取需要的图形。单击工具箱中"填充颜色"的前景色图标，在弹出的色彩选择面板中选择需要的颜色，如图 2-97 所示，填充图形。单击"线框颜色"的图标，在弹出的色彩选择面板中选择白色，填充线框色，效果如图 2-98 所示。用相同的颜色填充其他正方形，效果如图 2-99 所示。

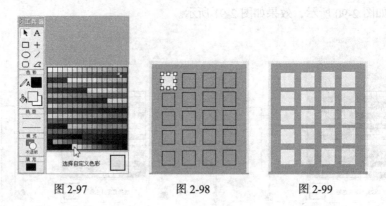

图 2-97　　　　　　图 2-98　　　　　　图 2-99

（13）选取需要的图形。单击工具箱中的"线框颜色"图标，在弹出的色彩选择面板中选择白色，填充线框色，效果如图 2-100 所示。用相同的颜色填充其他图形线框，效果如图 2-101 所示。

图 2-100　　　　　　　　　　　　图 2-101

（14）选取需要的图形，如图 2-102 所示。单击工具箱中"线框颜色"的图标，在弹出的色彩选择面板中选择需要的颜色，如图 2-103 所示，填充线框色。单击"填充颜色"的前景色图标，在弹出的色彩选择面板中选择需要的颜色，如图 2-104 所示，填充图形，效果如图 2-105 所示。

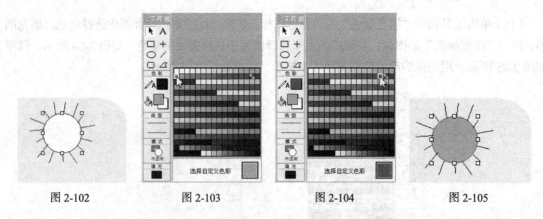

图 2-102　　　　　图 2-103　　　　　图 2-104　　　　　图 2-105

（15）选取需要的线条，如图 2-106 所示。单击工具箱中"线框颜色"的图标，在弹出的色彩选择面板中选择需要的颜色，如图 2-107 所示，填充线框色，效果如图 2-108 所示。其他线条填充相同的颜色，效果如图 2-109 所示。

（16）用相同的方法分别选取需要的图形，填充适当的颜色和线框色，效果如图 2-110 所示。为风景色填充颜色制作完成。

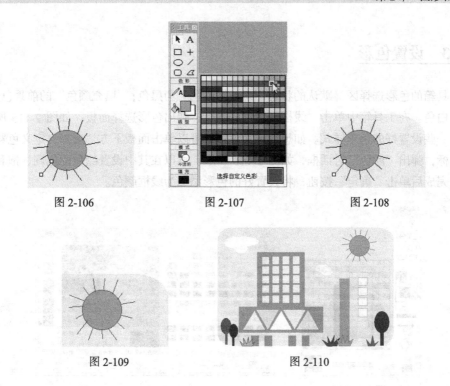

图 2-106　　　　图 2-107　　　　图 2-108

图 2-109　　　　　　　图 2-110

2.2.2 设置线型

在工具箱的线型选择区单击鼠标，弹出线型选择框，可以在其中设置线条的粗细或是否带箭头，如图 2-111 所示。选择"直线"工具 ＋，分别设置不同的粗细，绘制出的线条效果如图 2-112 所示。其中鼠标选中的线条为隐形线条，只有在选中的情况下，才能看见线条的两个控制点。

选择"椭圆"工具 ○，分别设置不同的粗细，绘制出的图形效果如图 2-113 所示。其中鼠标选中的图形为隐形图形，只有在选中的情况下，才能看见图形的 8 个控制点。

选择"直线"工具 ＋，分别设置不同的箭头样式，绘制出的线条效果如图 2-114 所示。

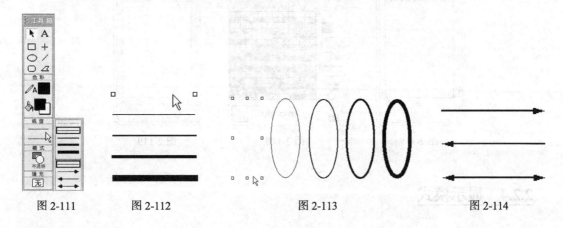

图 2-111　　　图 2-112　　　　　　　图 2-113　　　　　图 2-114

 提示　　线条上是否带箭头，对封闭的图形（如矩形、椭圆形、多边形等）来说没有任何区别。

2.2.3 设置色彩

在工具箱的色彩选择区，默认的状态下"线框颜色"为黑色；"填充颜色"的前景色为黑色，背景色为白色。在工具箱中单击"线框颜色"的图标，弹出色彩选择面板，如图 2-115 所示，面板中包含一些设置好的色彩样式。如想自定义色彩，可以单击面板下方"选择自定义色彩"文字右侧的图标，弹出"颜色"对话框，如图 2-116 所示。可以在其中设置颜色的色调、饱和度、亮度，设置完成后单击"确定"按钮，将设置好的色彩添加为线框颜色。

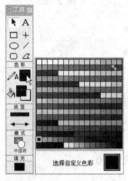

图 2-115

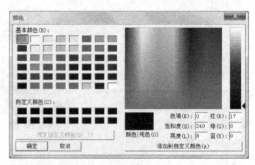

图 2-116

在工具箱中单击"填充颜色"的前景色或背景色图标，弹出色彩选择面板，可以设置图形填充时的前景色和背景色。

如果要对图形的填充色进行更改，先选中图形，如图 2-117 所示。单击工具箱中"填充颜色"的前景色图标，在弹出的色彩选择面板中选择要替换的颜色，如图 2-118 所示。图形中的填充颜色立即被更改，效果如图 2-119 所示。

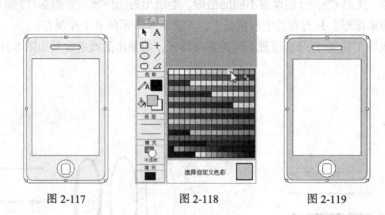

图 2-117   图 2-118   图 2-119

2.2.4 显示模式

在工具箱的模式选择区单击鼠标，弹出显示模式选择框，其中提供了多个图形互相叠加时的显示模式，如图 2-120 所示。

图 2-120

2.2.5 填充模式

在工具箱的填充选择区单击鼠标，弹出填充模式选择框，其中提供了多个填充模式，如图 2-121 所示。

填充模式选择框中提供了 36 种填充模式，其中"无"是指不用任何颜色填充图形，图形为透明；白色块是指用填充色的背景色均匀填充图形；黑色块是指用填充色的前景色均匀填充图形；其他模式均为用前景色绘制填充上的花纹，用背景色作为填充的底色。

在演示窗口中选取需要的图形，如图 2-122 所示。将填充色的前景色设置为黄色，填充色的背景色设置为墨绿色，在工具箱的填充选择区选择填充模式，如图 2-123 所示，圆形被填充后的效果如图 2-124 所示。

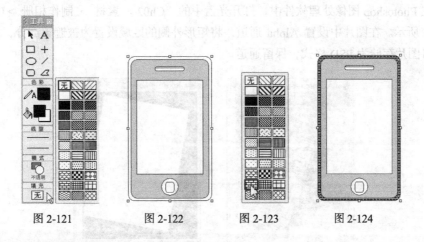

图 2-121   图 2-122   图 2-123   图 2-124

2.3 图像的使用

由于 Authorware 自身处理图像功能的限制，在多媒体程序的制作过程中常利用一些其他专业图像处理软件来处理图像，然后再将图像导入到多媒体程序中。

命令介绍

使用外部图像：用于向 Authorware 软件中导入外部的素材图像。

调整图像的遮盖关系：用于调整图像在演示窗口中的叠放顺序。

图像的显示模式：用于设置图像的显示模式。

2.3.1　课堂案例——制作相册

【案例学习目标】导入外部图像制作图片效果，调整图像遮盖关系修改图片叠放顺序，使用图像显示模式设置图像的显示模式。

【案例知识要点】使用导入媒体命令导入图片；使用置于下层命令调整图片的叠放顺序；使用透明模式和阿尔法模式制作文字底图透明和图片遮盖效果。最终效果如图 2-125 所示。

【效果所在位置】光盘/Ch02/效果/制作相册.a7p。

图 2-125

（1）在 Photoshop 图像处理软件中，打开光盘中的"Ch02 > 素材 > 制作相册 > 01"文件，如图 2-126 所示。在图片中设置 Alpha 通道，将矩形外侧的区域设置为被遮罩部分，如图 2-127 所示。再将图片存储为 PSD 格式，保留通道。

图 2-126　　　　　　　　　图 2-127

（2）打开 Authorware 软件，选择"文件 > 新建 > 文件"命令，新建文档。将图标工具栏中的"显示"图标❖拖曳到流程线上，并将其重新命名为"图片"，如图 2-128 所示。

（3）选择"修改 > 文件 > 属性"命令，弹出"属性：文件"面板，在"大小"选项的下拉列表中选择"根据变量"，并取消勾选"显示菜单栏"复选框，如图 2-129 所示。

图 2-128　　　　　　　　　　　　　　　　图 2-129

（4）用鼠标双击"显示"图标，弹出演示窗口。选择"文件 > 导入和导出 > 导入媒体"命令，弹出"导入哪个文件？"对话框，选择光盘中的"Ch02 > 素材 > 制作相册 > 01"文件，如图 2-130 所示。单击"导入"按钮，图片被导入到演示窗口中，如图 2-131 所示。

图 2-130　　　　　　　　　　　　　　　　图 2-131

（5）再次选择"文件 > 导入和导出 > 导入媒体"命令，弹出"导入哪个文件？"对话框，选择光盘中的"Ch02 > 素材 > 制作相册 > 02"文件，单击"导入"按钮，图片被导入到演示窗口中，如图 2-132 所示。选择"修改 > 置于下层"命令，将动物图片置于文字图片的下方，如图 2-133 所示。

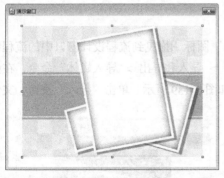

图 2-132　　　　　　　　　　　　　　　　图 2-133

（6）选中人物图片，在工具箱的模式选择区单击鼠标，弹出显示模式选择框，选择其中的"阿尔法"模式，如图 2-134 所示。人物图片的效果如图 2-135 所示，将其拖曳到适当的位置，效果如图 2-136 所示。

图 2-134　　　　　　　　　图 2-135　　　　　　　　　图 2-136

（7）选择"文件 > 导入和导出 > 导入媒体"命令，弹出"导入哪个文件？"对话框，选择光盘中的"Ch02 > 素材 > 制作相册 > 03"文件，单击"导入"按钮，图片被导入到演示窗口中，拖曳到适当的位置，效果如图 2-137 所示。选择工具箱中的"透明"模式，文字图片的效果如图 2-138 所示。相册制作完成。

图 2-137　　　　　　　　　　　　　图 2-138

2.3.2　使用外部图像

创建一个新的文档。将图标工具栏中的"显示"图标拖曳到流程设计窗口中的流程线上，用鼠标双击显示图标，弹出演示窗口。选择"文件 > 导入和导出 > 导入媒体"命令，在弹出的"导入哪个文件？"对话框中选择要导入的文件，如图 2-139 所示。单击"导入"按钮，文件被导入到演示窗口中，效果如图 2-140 所示。

图 2-139　　　　　　　　　　　　　图 2-140

导入的图像周围有 8 个小方块作为控制点，拖曳控制点可以改变图像的尺寸。当第一次调整图像的尺寸时，将会弹出提示对话框，提示当前图像为原尺寸显示，是否要改变图像的显示尺寸，如图 2-141 所示，单击"确定"按钮则可以任意调整当前图像的尺寸。

图 2-141

　　选中图像下方中间的控制点将其向上拖曳，图像的高度改变，效果如图 2-142 所示。按住<Shift>键的同时拖曳控制点，可以成比例地改变图像的尺寸，效果如图 2-143 所示。

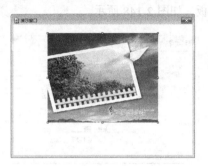

图 2-142　　　　　　　　　　　　　　　　图 2-143

技巧
　　要导入外部图像，还可单击常用工具栏中的"导入"按钮 回 ，并在弹出的"导入哪个文件？"对话框中选择要导入的图像。

2.3.3　调整图像的遮盖关系

　　当演示窗口中同时存在多个图像时，有可能会互相遮盖，后导入的图像会遮盖先导入的图像，可以根据需要调整图像的上下层次关系。

　　在演示窗口中先导入第 1 幅图像，效果如图 2-144 所示。再导入第 2 幅图像，第 2 幅图像遮盖住了第 1 幅图像的一部分，效果如图 2-145 所示。

　　选中第 2 幅图像，选择"修改 > 置于下层"命令，将第 2 幅图像放置在第 1 幅图像的下面，效果如图 2-146 所示。

图 2-144　　　　　　　　　　图 2-145　　　　　　　　　　图 2-146

技巧
　　选择"修改 > 置于上层"命令，可以将位于后面的图像调整到前面。

2.3.4　设置图像属性

在演示窗口中选中一幅图像，选择"修改 > 图像属性"命令，弹出"属性：图像"对话框，对话框中包括 2 个选项卡：图像和版面布局，如图 2-147 所示。

在"图像"选项对应的面板中，可以查看当前图像的路径、存储方式、颜色、文件大小、文件格式及颜色深度，还可以设置当前图像的显示模式。

单击"版面布局"选项卡，切换到相应的面板，如图 2-148 所示。

图 2-147　　　　　　　　　　　　　　　图 2-148

"显示"选项：用于设置图像变化时的显示方式，其中包括原始、比例和裁切 3 种方式。

"位置"选项：用于设置图像的位置，可以在数值框中设置数值，分别改变图像在水平方向或垂直方向的位置。

在"显示"选项的下拉列表中选择"比例"，切换到相应的面板，如图 2-149 所示。

图 2-149

"位置"选项：用于设置图像的位置，可以在数值框中设置数值，分别改变图像在水平方向或垂直方向的位置。

"大小"选项：用于设置图像的大小，可以在数值框中设置数值，分别改变图像的宽度和高度。

"比例 %"选项：用于设置图像的尺寸百分比。可以直接在数值框中输入百分比数值，改变图像的宽度和高度。

图像在演示窗口中原始的显示效果如图 2-150 所示。在"比例 %"选项的数值框中分别输入 50，如图 2-151 所示，单击"确定"按钮，图像的尺寸缩小了 50%，效果如图 2-152 所示。

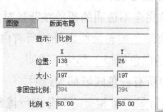

图 2-150　　　　　　　　　　　图 2-151　　　　　　　　　　　图 2-152

在"显示"选项的下拉列表中选择"裁切"，切换到相应的面板，如图 2-153 所示。

"位置"和"大小"选项的作用同上。

"放置"选项：用于设置图像在被裁切后保留的区域。

图像在演示窗口中原始的显示效果如图 2-154 所示。在"大小"选项中将图像的高度和宽度缩小，并在"放置"选项中选中上方中间的区域，如图 2-155 所示。单击"确定"按钮，图像被裁切并保留了上方中间的区域，效果如图 2-156 所示。

图 2-153　　　　　　　　　　　　　　　　　　　　图 2-154

图 2-155　　　　　　　　　　　图 2-156

如果需要将裁切后的图像恢复到原始状态，可以用鼠标双击图像，弹出"属性：图像"对话框，并在"显示"选项的下拉列表中选择"原始"，单击"确定"按钮，图像即可恢复到原始的尺寸。

2.3.5　图像的显示模式

当多个图像互相叠加的时候，常常需要对它们进行一定的设置，如遮隐、透明等。

在工具箱的模式选择区单击鼠标，弹出显示模式选择框，其中提供了 6 种图像互相叠加时的显示模式，如图 2-157 所示。

"不透明"模式：前景对象完全不透明的覆盖在背景对象上。

"遮隐"模式：前景对象有颜色的轮廓线之外的所有白色区域都为透明，而轮廓线内的所有区域（包括白色区域）都为不透明。

"透明"模式：前景对象中所有白色区域都为透明。

"反转"模式：前景对象与背景对象相交的部分进行像素值上的反转，以相反的颜色显示，其最终颜色往往难以预测。但如果背景是白色，则前景对象色彩不变。

"擦除"模式：前景对象本身不显示，但对背景对象会有影响。若前景对象是一个有颜色的位图时，会产生难以预料的色彩变化。

"阿尔法"模式：当前景对象是带有 Alpha 通道的图像时，仅显示该图像中 Alpha 通道设定的内容。若前景对象不带有 Alpha 通道，则以不透明方式显示。

图 2-157

提示 Alpha 通道可以理解为一种图形遮罩，可以在 Photoshop 软件中制作图像中的 Alpha 通道。

在演示窗口中先导入第 1 幅图像，效果如图 2-158 所示。再导入第 2 幅图像，效果如图 2-159 所示。选中第 2 幅图像，在显示模式选择框中，"不透明"模式上显示出黑色的边框，如图 2-160 所示，这表示在默认的状态下，图像的显示模式为"不透明"。

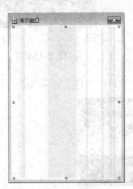

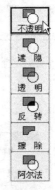

图 2-158　　　　　　　　图 2-159　　　　　　　　图 2-160

选择"遮隐"模式，图像外侧开放的白色区域变为透明，封闭的白色区域如鸽子身上的白色仍为不透明，效果如图 2-161 所示。

选择"透明"模式，图像中的所有白色区域都变为透明，效果如图 2-162 所示。

选择"反转"模式，由于图像色彩反转而使背景图像变花，效果如图 2-163 所示。

选择"擦除"模式，前景图像不会显示，但它以色素合成的方式影响背景图像，使背景图像产生难以预测的色彩变化，效果如图 2-164 所示。

在 Photoshop 软件中将图像中第一个圆形部分设置为遮罩区域，并将图像文件存储为 PSD 格式。将图像导入 Authorware 后，在显示模式选择框中选择"阿尔法"模式，图像效果如图 2-165 所示，图像中的第一个圆形部分被遮罩，露出了背景图。

图 2-161

图 2-162

图 2-163

图 2-164

图 2-165

提示　"阿尔法"模式 仅对带有 Alpha 通道的 PSD 格式的图像起作用,对于普通图片如 JEPG 格式、GIF 格式、BMP 格式等不起作用。

应用"阿尔法"模式 可以非常方便地设置图像的透明效果,特别是需要准确地显示某部分的图像时,这项功能显得十分重要。

图像在 Photoshop 软件中的效果如图 2-166 所示。在 Photoshop 软件中对图像设置 Alpha 通道,并将图像外侧的白色区域设置为被遮罩部分,如图 2-167 所示。存储为 PSD 格式后导入到 Authorware 中,选择"透明"模式 ,图像的边缘就会出现锯齿,效果如图 2-168 所示。选择"阿尔法"模式 ,图像边缘将不存在锯齿,图像很自然地显示出来,效果如图 2-169 所示。

图 2-166

图 2-167

图 2-168

图 2-169

2.4　课后习题——制作植树情况图表

【习题知识要点】使用矩形工具绘制矩形；使用色彩选择区为矩形添加颜色；使用填充选择区设置填充模式；使用直线工具和线型选择区绘制箭头图形；使用文本工具输入文字。最终效果如图 2-170 所示。

【效果所在位置】光盘/Ch02/效果/制作植树情况图表.a7p。

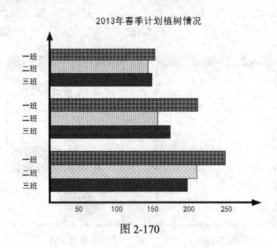

图 2-170

第3章

文本的操作

　　本章主要介绍输入文字并设置文字属性的方法，文字样式、风格、对齐方式的巧妙应用，以及导入外部文本的方法。通过本章的学习，读者可以掌握编辑和修饰文本的各种方法和技巧，并能根据具体需要，灵活地应用文本。

课堂学习目标

- 文字的输入
- 文字的样式
- 自定义文字风格
- 使用外部文档

3.1 文字的输入

文字是信息传递的最基本手段，其能够对相关内容进行更加详细准确的说明。Authorware 提供了较强的文字处理功能，使用户可以方便快捷地编辑多媒体作品中的文字内容。利用键盘可以直接输入需要的文字，并设置不同的字体、大小、颜色和样式等。

3.1.1 输入文字内容

新建文档。将图标工具栏中的“显示”图标拖曳到流程线上，用鼠标双击流程线上的“显示”图标，弹出演示窗口。

选择工具箱中的“文本”工具A，将鼠标放置在演示窗口中，鼠标光标变为Ｉ，并在演示窗口中单击鼠标，出现一条直线为缩排线，缩排线的左下方出现闪动的光标，如图 3-1 所示。输入文字，效果如图 3-2 所示。

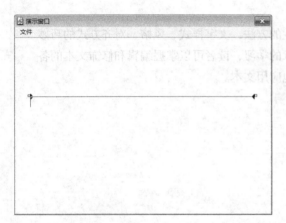

演示窗口
文件

图 3-1

演示窗口
文件
水光潋滟晴方好，山色空蒙雨亦奇。

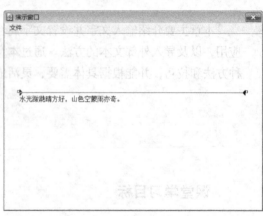

图 3-2

选择工具箱中的“选择/移动”工具，可以取消文字的输入状态，文字的周围出现 8 个控制点，拖曳控制点可以改变控制框的宽度和高度，如图 3-3、图 3-4 所示。

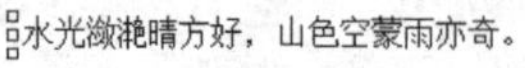

水光潋滟晴方好，山色空蒙雨亦奇。

图 3-3

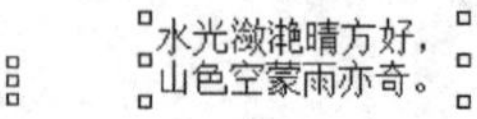

水光潋滟晴方好，
山色空蒙雨亦奇。

图 3-4

3.1.2 设置字体

选中文字，效果如图 3-5 所示。选择“文本 > 字体”命令，弹出其子菜单，显示出调用过的字体，当前文字所用的字体被勾选，如图 3-6 所示。

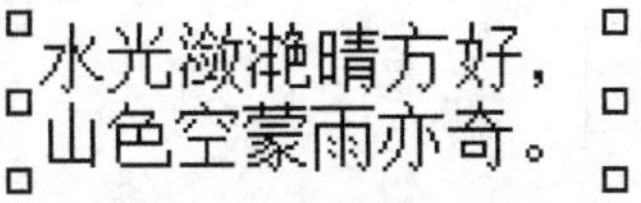

图 3-5

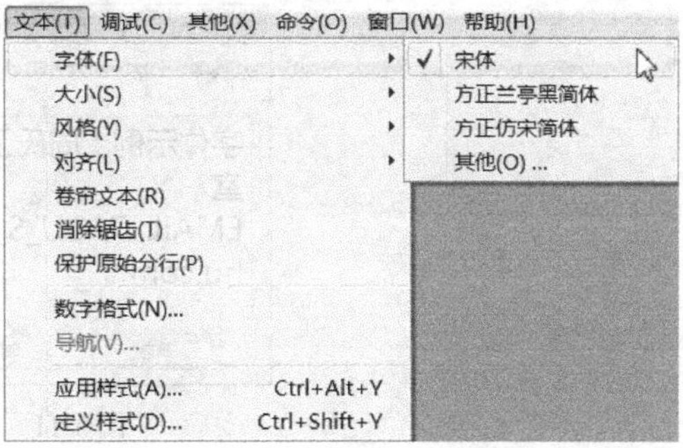

图 3-6

如果想更换其他字体，可以选择"其他"命令，并在弹出的"字体"对话框中设置字体，如图 3-7 所示。单击"确定"按钮，字体被更换，效果如图 3-8 所示。

图 3-7

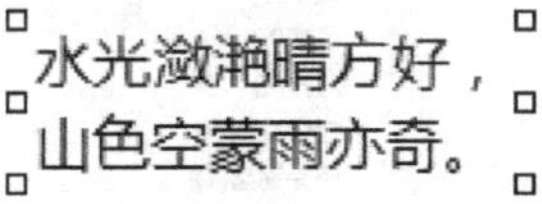

水光潋滟晴方好，
山色空蒙雨亦奇。

图 3-8

3.1.3　设置字体大小

选择"文本 > 大小"命令，在弹出的子菜单中可以设置文字的大小，如图 3-9 所示。设置不同的大小后，文字的效果如图 3-10 所示。

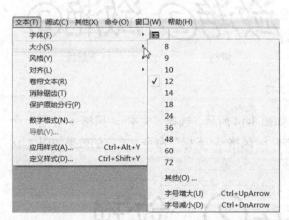

图 3-9

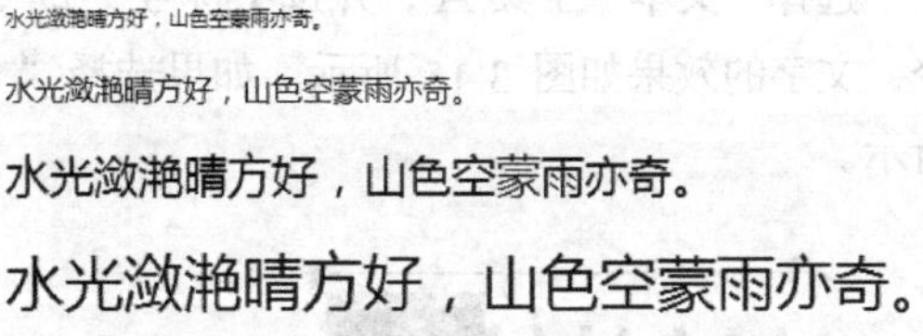

水光潋滟晴方好，山色空蒙雨亦奇。

水光潋滟晴方好，山色空蒙雨亦奇。

水光潋滟晴方好，山色空蒙雨亦奇。

水光潋滟晴方好，山色空蒙雨亦奇。

图 3-10

选择"文本 > 大小 > 其他"命令，弹出"字体大小"对话框，在"字体大小"选项中可以自定义字体的大小，如图 3-11 所示，单击"确定"按钮改变字体大小。

图 3-11

选择"文本 > 大小 > 字号增大"命令，可逐级增加文字的字号；选择"文本 > 大小 > 字号减小"命令，可逐级减小文字的字号。

3.1.4 设置字体风格

选择"文本 > 风格"命令，在弹出的子菜单中可以设置文字的字体风格，如图 3-12 所示。

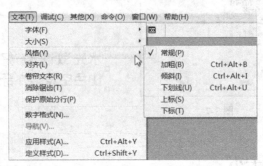

图 3-12

设置不同的风格后，文字的效果如图 3-13 所示。

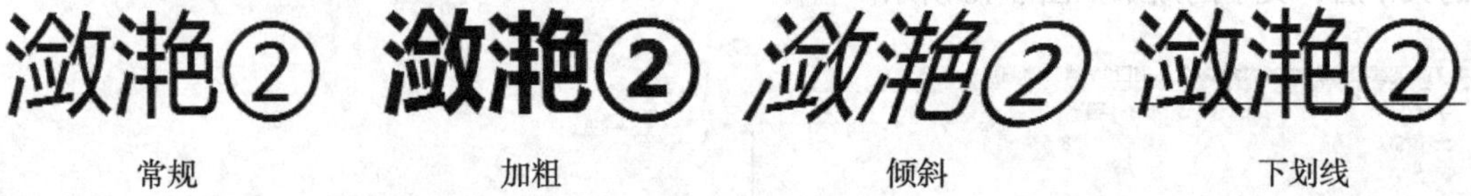

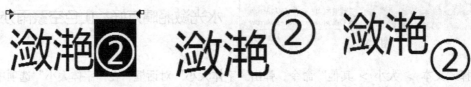

| 常规 | 加粗 | 倾斜 | 下划线 |

图 3-13

选择"文本"工具 A，并选中符号"②"，如图 3-14 所示。选择"文本 > 风格 > 上标"命令，文字的效果如图 3-15 所示。如果选择"文本 > 风格 > 下标"命令，文字的效果如图 3-16 所示。

图 3-14 　　　　　　　　图 3-15 　　　　　　　　图 3-16

单击常用工具栏中的"粗体"按钮 **B**、"斜体"按钮 *I*、"下划线"按钮 U 也可以设置文字的字体风格。

3.1.5 设置对齐方式

选择"文本 > 对齐"命令，在弹出的子菜单中可以设置文字的对齐方式，如图 3-17 所示。

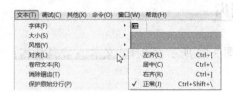

图 3-17

设置不同的对齐方式后，文字的效果如图 3-18 所示。

诗歌是中国最早出现的一种文学体裁，源于原始人的劳动呼声，是一种有声韵、有歌咏的文学。诗歌按时代分为古体诗、近体诗和新诗；按表达方式分为叙事诗和抒情诗；按内容分为田园诗、山水诗、科学诗和咏物诗四类。	诗歌是中国最早出现的一种文学体裁，源于原始人的劳动呼声，是一种有声韵、有歌咏的文学。诗歌按时代分为古体诗、近体诗和新诗；按表达方式分为叙事诗和抒情诗；按内容分为田园诗、山水诗、科学诗和咏物诗四类。	诗歌是中国最早出现的一种文学体裁，源于原始人的劳动呼声，是一种有声韵、有歌咏的文学。诗歌按时代分为古体诗、近体诗和新诗；按表达方式分为叙事诗和抒情诗；按内容分为田园诗、山水诗、科学诗和咏物诗四类。
左齐	居中	右齐

图 3-18

提示 对齐是相对于对象自身的编辑位置而言的，即只能够在文字控制框包围的范围内进行调整。

3.1.6 设置卷帘文字

设置卷帘文字，用于在有限的空间内放置大量的文字。选中文字，如图 3-19 所示，选择"文本 > 卷帘文本"命令，在文字的右侧出现滚动条，如图 3-20 所示，用鼠标向上拖曳控制框下方中间的控制点，将滚动条的高度缩短，一部分文字被隐藏，如图 3-21 所示。

诗歌是中国最早出现的一种文学体裁，源于原始人的劳动呼声，是一种有声韵、有歌咏的文学。诗歌按时代分为古体诗、近体诗和新诗；按表达方式分为叙事诗和抒情诗；按内容分为田园诗、山水诗、科学诗和咏物诗四类。	诗歌是中国最早出现的一种文学体裁，源于原始人的劳动呼声，是一种有声韵、有歌咏的文学。诗歌按时代分为古体诗、近体诗和新诗；按表达方式分为叙事诗和抒情诗；按内容分为田园诗、山水诗、科学诗和咏物诗四类。	诗歌是中国最早出现的一种文学体裁，源于原始人的劳动呼声，是一种有声韵、有歌咏的文学。诗歌按时代分为古体诗、近体诗和新诗；按表达方式
图 3-19	图 3-20	图 3-21

拖曳滚动条上面的滑块即可查看被隐藏的文字，效果如图 3-22 所示。

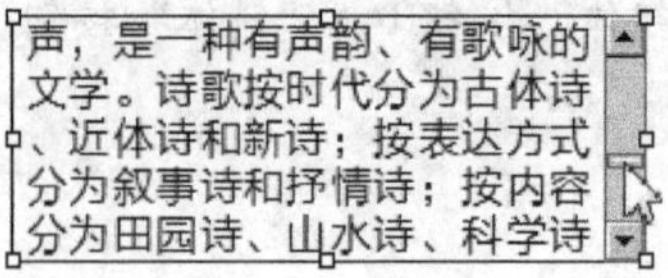

声，是一种有声韵、有歌咏的
文学。诗歌按时代分为古体诗
、近体诗和新诗；按表达方式
分为叙事诗和抒情诗；按内容
分为田园诗、山水诗、科学诗

图 3-22

3.1.7　消除文字锯齿

文字周围的锯齿效果如图 3-23 所示，选择"文本 > 消除锯齿"命令，文字周围的锯齿消除，效果如图 3-24 所示。

诗歌　诗歌

图 3-23　　　　　　　　　　　图 3-24

3.1.8　设置文本换行保护

选择"文本 > 保护原始分行"命令，可以保护文本不被重新分行。如果 Authorware 作品在其他计算机上运行，则文本就有可能按照该计算机屏幕的大小而重新分行，从而打乱了程序原有的文本布局。为了防止这样的情况发生，应该对文本对象应用这项命令。

3.2　文字的样式

如果想改变文字的颜色或设置文字的透明度，可以通过文字样式来实现。

3.2.1　改变文字的色彩

在演示窗口中输入文字，效果如图 3-25 所示。在工具箱中单击"线框颜色"的图标，弹出色彩选择面板，并在面板中选择要替换的颜色，如图 3-26 所示。文字的颜色被改变，效果如图 3-27 所示。

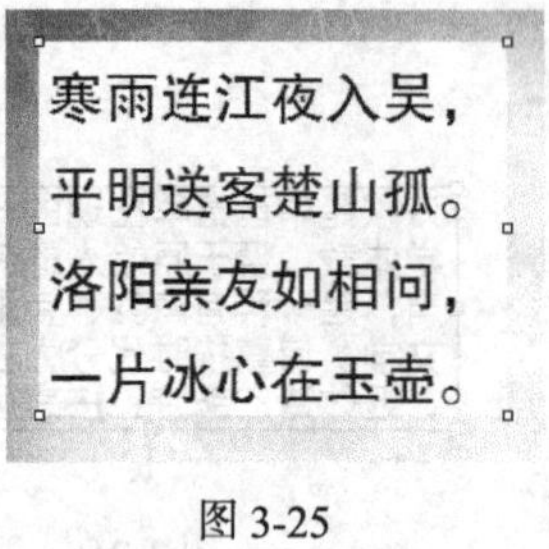

寒雨连江夜入吴，
平明送客楚山孤。
洛阳亲友如相问，
一片冰心在玉壶。

选择自定义色彩

寒雨连江夜入吴，
平明送客楚山孤。
洛阳亲友如相问，
一片冰心在玉壶。

图 3-25　　　　　　　　　图 3-26 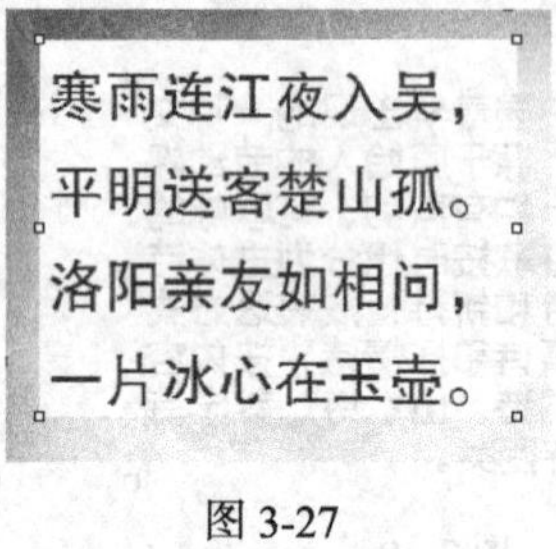　　　　　　　　　图 3-27

在工具箱中单击"填充颜色"的背景色图标，弹出色彩选择面板，并在面板中选择文字背景要设置的颜色，如图 3-28 所示。文字的背景色效果如图 3-29 所示。

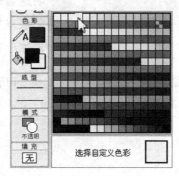

图 3-28　　　　　　　　　　　　　图 3-29

提示　应用工具箱中的"线框颜色"可以设置文字的颜色。应用"填充颜色"的背景色，可以设置文字的背景色，但应用"填充颜色"的前景色，对文字没有任何的影响。

3.2.2　设置文字透明

单击工具箱中的模式选择区，弹出显示模式选择框，其中提供了多个图形显示模式，如图 3-30 所示。

图 3-30

在文字上应用不同的显示模式，所产生的效果如图 3-31 所示。"不透明"模式是文字显示模式的默认设置。

寒雨连江夜入吴， 平明送客楚山孤。 洛阳亲友如相问， 一片冰心在玉壶。	寒雨连江夜入吴， 平明送客楚山孤。 洛阳亲友如相问， 一片冰心在玉壶。	寒雨连江夜入吴， 平明送客楚山孤。 洛阳亲友如相问， 一片冰心在玉壶。
不透明	遮隐	透明

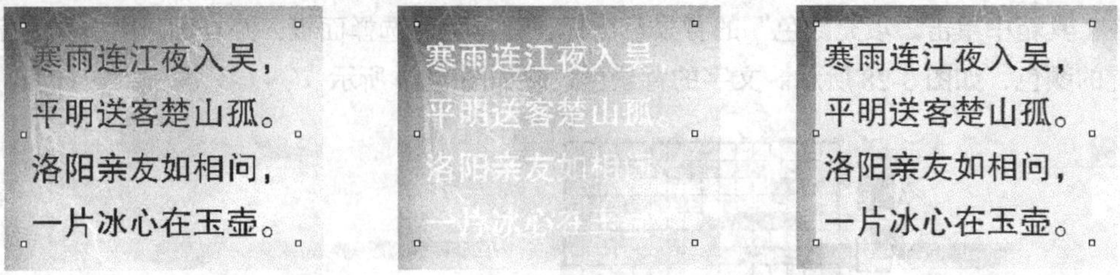

寒雨连江夜入吴，
平明送客楚山孤。
洛阳亲友如相问，
一片冰心在玉壶。

寒雨连江夜入吴，
平明送客楚山孤。
洛阳亲友如相问，
一片冰心在玉壶。

寒雨连江夜入吴，
平明送客楚山孤。
洛阳亲友如相问，
一片冰心在玉壶。

反转   擦除   阿尔法

图 3-31

3.2.3 设置文字的排列对齐

我们可以应用排列面板来对文字进行排列。选择"修改 > 排列"命令，弹出"排列"面板，如图 3-32 所示。

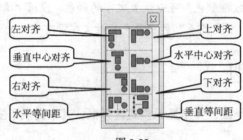

图 3-32

同时选中多个文字对象，如图 3-33 所示。分别单击"排列"面板中的"左对齐"按钮██ 和"垂直等间距"按钮██，将文字左对齐并且每个文字对象之间的间距相等，效果如图 3-34 所示。

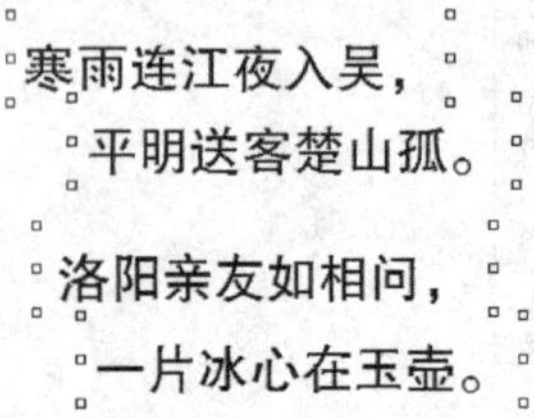

寒雨连江夜入吴，
平明送客楚山孤。

洛阳亲友如相问，
一片冰心在玉壶。

寒雨连江夜入吴，
平明送客楚山孤。

洛阳亲友如相问，
一片冰心在玉壶。

图 3-33 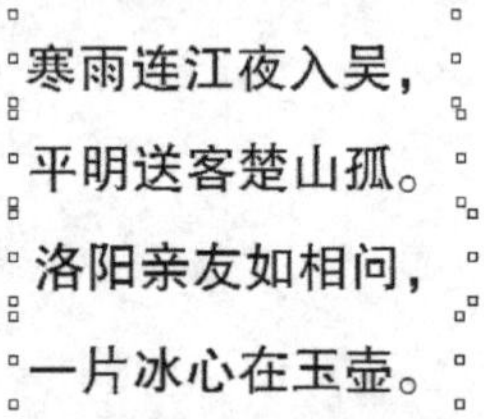   图 3-34

3.3 自定义文字风格

对同一类型的文字对象往往要采用相同的风格。如标题和正文所应用的字体、字号和文字颜色等都存在差异。根据不同文字的特点，可以自定义文字的风格样式，在需要的时候分别调用。

命令介绍

定义样式：自定义文字的风格样式。

应用样式：将定义好的文字样式应用到需要的文字。

3.3.1 课堂案例——制作汉堡广告

【案例学习目标】使用定义样式和应用样式命令编辑文字。

【案例知识要点】使用导入命令导入背景图片；使用文字工具输入文字；使用定义样式命令定义文字样式；使用应用样式命令将定义的样式应用到文字。最终效果如图 3-35 所示。

【效果所在位置】光盘/Ch03/效果/制作汉堡广告.a7p。

图 3-35

（1）选择"文件 > 新建 > 文件"命令，新建文档。选择"修改 > 文件 > 属性"命令，弹出"属性"面板，将"大小"选项设置为"根据变量"，并取消勾选"显示菜单栏"复选框，如图 3-36 所示。

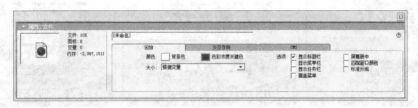

图 3-36

（2）将图标工具栏中的"显示"图标拖曳到流程设计窗口中的流程线上，如图 3-37 所示。双击"显示"图标，弹出演示窗口。选择"文件 > 导入和导出 > 导入媒体"命令，在弹出的"导入哪个文件？"对话框中选择"Ch03 > 素材 > 制作汉堡广告 > 01"文件，单击"导入"按钮，将图片导入到演示窗口中，并根据图片大小调整演示窗口，效果如图 3-38 所示。

图 3-37

图 3-38

（3）双击打开光盘中的"Ch03 > 素材 > 制作汉堡广告 > 记事本"文件，选取需要的文字，单击鼠标右键，并在弹出的菜单中选择"复制"命令，如图 3-39 所示。返回到 Authorware 的演示窗口中，选择"文本"工具 A，按<Ctrl>+<V>组合键，粘贴文字，效果如图 3-40 所示。

图 3-39 图 3-40

（4）用相同的方法分别选取并复制记事本文档中的文字，选择"文本"工具 A，并将其分别粘贴到演示窗口中适当的位置，效果如图 3-41 所示。选择"选择/移动"工具，用圈选的方法将所有文字同时选取，选择"文本 > 对齐 > 右齐"命令，右对齐文本，效果如图 3-42 所示。保持文字的选取状态，在工具箱的模式选择区单击鼠标，弹出显示模式选择框，单击"透明"模式，文字效果如图 3-43 所示。

图 3-41 图 3-42 图 3-43

（5）选择"文本 > 定义样式"命令，弹出"定义风格"对话框，单击左下方的"添加"按钮，并在文字风格列表中输入文字"样式 1"，按<Enter>键，如图 3-44 所示。勾选需要的复选框，并设置适当的选项，如图 3-45 所示。

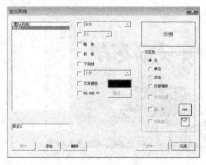
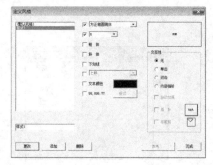

图 3-44 图 3-45

（6）单击"添加"按钮，在文字风格列表中输入文字"样式 2"，按<Enter>键，其他选项的设置如图 3-46 所示。单击"完成"按钮，完成设置。

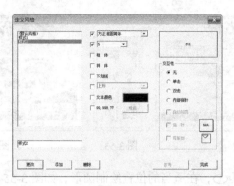

图 3-46

（7）选择"选择/移动"工具 ，按住 Shift 键的同时，选取需要的文字，如图 3-47 所示。选择"文本 > 应用样式"命令，弹出"应用样式"面板，勾选"样式 1"复选框，如图 3-48 所示。应用样式，效果如图 3-49 所示。

图 3-47　　　　　　图 3-48　　　　　　图 3-49

（8）用相同的方法选取需要的文字，如图 3-50 所示。在"应用样式"面板中，勾选"样式 2"复选框，应用样式，效果如图 3-51 所示。

图 3-50　　　　　　　　　　图 3-51

（9）选择"选择/移动"工具 ，分别选取需要的文字，并调整其宽度及位置，效果如图 3-52 所示。用圈选的方法将所有文字同时选取，选择"修改 > 排列"命令，弹出排列面板，如图 3-53 所示。单击右对齐按钮 ，效果如图 3-54 所示。

49

图 3-52

图 3-53

图 3-54

（10）选择"椭圆"工具 ◯，在适当的位置绘制圆形，如图 3-55 所示。设置填充色和描边色均为白色，效果如图 3-56 所示。用相同的方法再绘制两个圆形，并分别填充适当的填充色和描边色，如图 3-57 所示。在排列面板中单击"水平居中对齐"按钮 ▬◦ 和"垂直居中对齐"按钮 ▮，效果如图 3-58 所示。

图 3-55

图 3-56

图 3-57

图 3-58

（11）选择"文本"工具 A，输入需要的文字，设置适当的字体并分别设置文字大小，填充为白色，效果如图 3-59 所示。汉堡广告制作完成，效果如图 3-60 所示。

图 3-59

图 3-60

3.3.2　自定义与应用文字风格

选择"文本 > 定义样式"命令，弹出"定义风格"对话框，如图 3-61 所示。

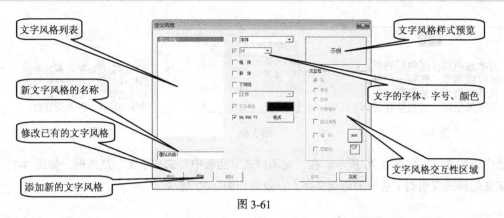

图 3-61

单击"添加"按钮，在文字风格列表中出现添加样式的默认名称"新样式"，如图 3-62 所示。在新文字风格的文本框中输入文字"标题"，按<Enter>键，即在文字风格列表中，文字"标题"替换了默认的名称，如图 3-63 所示。

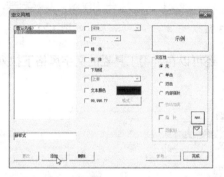

图 3-62

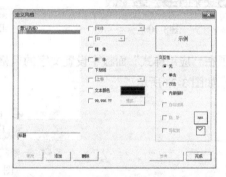

图 3-63

在对话框中设置文字的属性，如图 3-64 所示。再次单击"添加"按钮，在文字风格列表中出现添加样式的默认名称"新样式"，并在新文字风格的文本框中输入文字"正文"，按<Enter>键，即在文字风格列表中，文字"正文"替换了默认的名称，如图 3-65 所示。

在对话框中重新设置文字的属性，单击"完成"按钮，完成文字风格的设置，如图 3-66 所示。

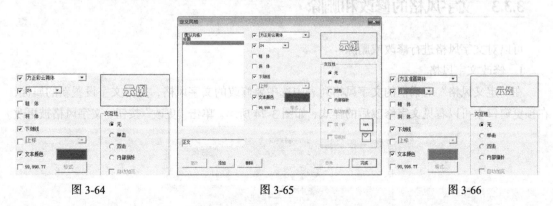

图 3-64　　　　　　　图 3-65　　　　　　　图 3-66

选择"文本"工具 A，在演示窗口中输入文字，并选中文字"早梅"，如图 3-67 所示。选择"文本 > 应用样式"命令，弹出"应用样式"面板，勾选"标题"复选框，如图 3-68 所示。定义的样式应用到了选中的文字上，效果如图 3-69 所示。

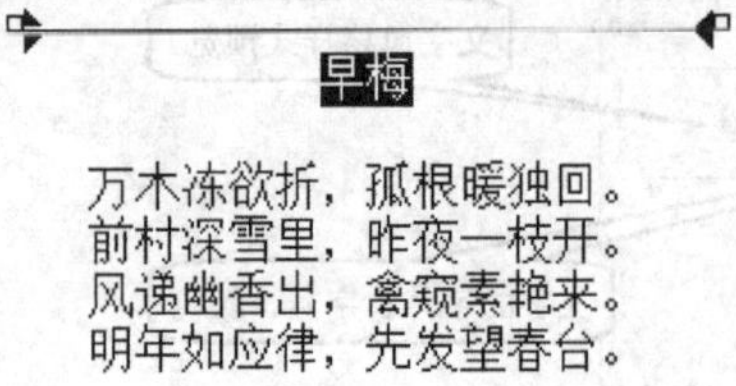

图 3-67

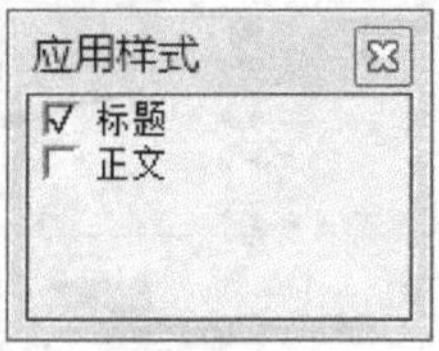

图 3-68

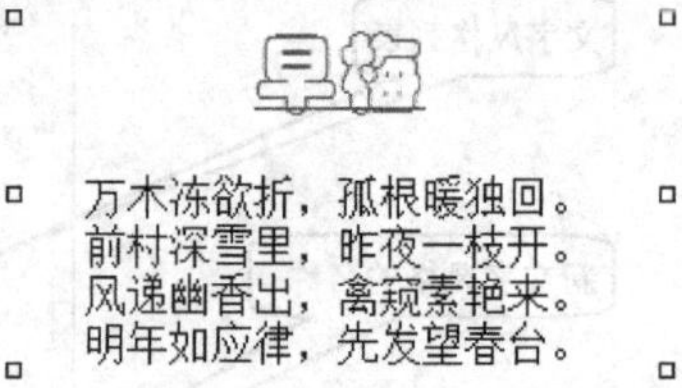

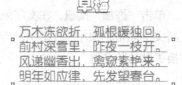

图 3-69

选中诗词文字，如图 3-70 所示。在"应用样式"面板中勾选"正文"复选框，如图 3-71 所示。定义的样式应用到了选中的诗词文字上，效果如图 3-72 所示。

图 3-70

图 3-71

图 3-72

除了在"应用样式"面板中设置文字的风格，还可以在常用工具栏的文字风格下拉列表中进行选择，如图 3-73 所示。

图 3-73

技巧　对于同一个文字对象，选取其中某一部分内容，然后应用文字风格，即可在一个文字对象内应用不同的文字风格。

3.3.3　文字风格的修改和删除

可以对文字风格进行修改或删除。

1. 修改文字风格

在"定义风格"对话框的文字风格列表中选中要修改的文字风格，并为文字设置新的属性，在预览窗口中可以看见文字修改后的样式，如图 3-74 所示。单击"更改"按钮，文字风格被更改。

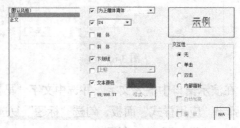

图 3-74

2. 删除文字风格

在"定义风格"对话框中选中要删除的文字风格，单击"删除"按钮，即可将其删除。但如果一种文字风格在作品中被使用，则此文字风格不能被删除。

3.4 使用外部文档

在多媒体作品中常常需要输入许多文字，而这些文字往往存放于其他文档中，如 Word 文档、TXT 文档等。这就需要将外部文档中的文字导入到 Authorware 中。

3.4.1 直接引用外部文档

新建文档。将图标工具栏中的"显示"图标圖拖曳到流程线上，用鼠标双击流程线上的"显示"图标圖，弹出演示窗口。

选择"文件 > 导入和导出 > 导入媒体"命令，弹出"导入哪个文件？"对话框，在"文件类型"选项的下拉列表中选中"文本文件"，如图 3-75 所示。选中要导入的文件，单击"导入"按钮，弹出"RTF 导入"对话框，如图 3-76 所示。

图 3-75

图 3-76

（1）"硬分页符"选项组

"忽略"选项：外部文件的全部内容均导入到演示窗口中，而不管原文件是否分页。

"创建新的显示图标"选项：根据原文件的分页数，在流程线上自动建立相应数量的显示图标来显示该页文本内容。

（2）"文本对象"选项组

"标准"选项：以标准文字格式显示。

"滚动条"选项：以滚动条的方式来显示文字内容。

在"RTF 导入"对话框中选择"忽略"和"标准"选项后，单击"确定"按钮，文本文档中的文字被导入到演示窗口中，如图 3-77 所示。可以对导入的文字进行编辑，改变其大小、颜色、风格和对齐方式等，如图 3-78 所示。

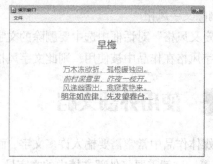

图 3-77 　　　　　　　　　　　　图 3-78

3.4.2　用粘贴的方式引用外部文档内容

有时，对文本文档中内容的引用不是整个文件，而是其中的一句话或一个段落。这时，就需要使用复制、粘贴的方法。

在文本文档中选中要复制的文字，选择"编辑 > 复制"命令，将文字进行复制，如图 3-79 所示。

图 3-79

在 Authorware 中新建文档。将图标工具栏中的"显示"图标拖曳到流程线上，用鼠标双击流程线上的"显示"图标，弹出演示窗口。选择"编辑 > 粘贴"命令，弹出"RTF 导入"对话框进行设置，如图 3-80 所示，单击"确定"按钮将复制的文字粘贴到演示窗口中，如图 3-81 所示。

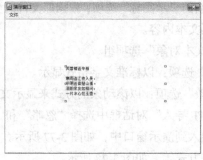

图 3-80 　　　　　　　　　　　　图 3-81

可以对粘贴的文字进行编辑，改变其大小、颜色、风格和对齐方式等，如图 3-82 所示。

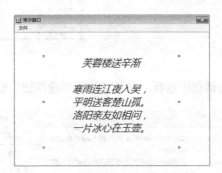

图 3-82

3.4.3 使用特殊粘贴功能

应用特殊粘贴功能可以把复制的文本内容以多种方式粘贴到演示窗口中。

在文档窗口中选中要复制的文字，选择"编辑 > 复制"命令，将文字进行复制，如图 3-83 所示。在 Authorware 中选择"编辑 > 选择粘贴"命令，弹出"选择性粘贴"对话框，如图 3-84 所示。

图 3-83

图 3-84

"Microsoft Office Word 文档"选项：将复制过的文本作为一个 Word 文档片段插入到演示窗口中，双击文本内容将打开 Word 编辑工具，可以在当前演示窗口中对文本内容进行编辑。

"文本"选项：将复制过的文本作为普通文字直接粘贴到演示窗口中，在 Authorware 中可以直接对文字进行编辑。

"图片（图元文件）"选项：将复制的文本作为一个静态图片粘贴到演示窗口中，Authorware 将其作为图片来处理，不能作为文字对待。

选择"粘贴"选项组中的"Microsoft Office Word 文档"选项后，单击"确定"按钮，文本粘贴后的效果如图 3-85 所示。用鼠标双击文本，可以在 Word 编辑工具中对文本内容进行编辑，如图 3-86 所示。

图 3-85   图 3-86

如果在"选择性粘贴"对话框中选择"粘贴链接"单选按钮，效果如图 3-87 所示。

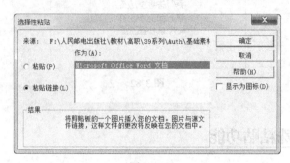

图 3-87

"Microsoft Office Word 文档"选项：将复制的文本内容作为一个 Word 文档链接插入演示窗口，图片与源文件链接。双击该图片可进入 Word 文档中进行编辑，并且所做的任何修改都会反映到源文件中。

当勾选"显示为图标"复选框时，文本粘贴后并不显示内容，而是以一个图标来显示。

提示　　"选择粘贴"命令不仅可以用于粘贴文字，还可用于粘贴图形、图像。

3.5　课后习题——制作网页文字

【习题知识要点】使用文本工具输入文字；使用定义样式命令定义文字风格；使用应用样式命令为文字添加定义好的风格。最终效果如图 3-88 所示。

【效果所在位置】光盘/Ch03/效果/制作网页文字.a7p。

图 3-88

第4章
"显示" 图标

"显示"图标是 Authorware 中最重要的图标之一,是文字和图片信息的基本载体。本章主要介绍"显示"图标的基本信息,"显示"图标的特效方式,以及对图形层次、显示位置等进行的控制。通过本章的学习,读者可以了解并掌握显示图标的信息和特点,以在设计制作任务中充分利用好"显示"图标。

课堂学习目标

- 图标属性
- 内容的显示属性
- 内容的位置属性

4.1　图标属性

新建文档。将图标工具栏中的"显示"图标圙拖曳到流程设计窗口中的流程线上，用鼠标双击"显示"图标圙，弹出演示窗口。选择"文件 > 导入和导出 > 导入媒体"命令，将图片导入到演示窗口中，效果如图 4-1 所示。关闭演示窗口。

用鼠标右键单击显示图标，弹出快捷菜单，如图 4-2 所示。

图 4-1　　　　　　　　　　　　　　　　图 4-2

"预览"命令：用于预览图标中的内容。

"剪切"命令：对图标进行剪切。

"复制"命令：对图标进行复制。

"删除"命令：对图标进行删除。

"属性"命令：用于设置图标的属性。

"计算"命令：用于在图标上附加一个计算图标。

"特效"命令：用于设置显示图标中内容时所使用的特技效果。

"关键字"命令：为图标添加关键字，以便在程序中查找定位。

"描述"命令：用于添加图标的描述文字，便于理解其在程序中的作用。

"链接"命令：用于设置显示图标中的内容与其他图标的链接关系。

选择菜单中的"属性"命令，弹出"属性：显示图标"面板，如图 4-3 所示。

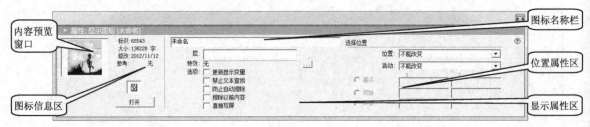

图 4-3

"属性：显示图标"面板主要分 3 个部分：图标信息区、显示属性区和位置属性区。

图标信息区中包含预览窗口，可以看见图标内容的缩览图。预览窗口右下方小的图标窗口，显示当前使用的图标符号。"打开"按钮用于打开演示窗口，查看图标中的内容。

"标识"选项：每个图标都有唯一的标识号，系统可据此对图标进行判别。

"大小"选项：显示图标内容的大小。

"修改"选项：显示上次修改的时间。

"参考"选项：显示是否有变量涉及这个图标。

图标名称栏显示当前图标的名称，修改其内容将直接影响流程线上的图标名称。

显示属性区和位置属性区是显示图标重要的属性，下面将进行具体介绍。

4.2 内容的显示属性

应用图标的显示属性可以设置内容显示的特技效果，并设置图标的层次。

4.2.1 图标属性

"属性：显示图标"面板中的显示属性区如图 4-4 所示。

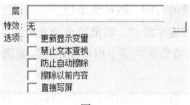

图 4-4

"层"选项：用于设置当前图标的显示层次，层次数值越大，越能优先显示。

"特效"选项：用于设置图标内容显示的特技效果。

"选项"选项组包括以下几个复选框。

"更新显示变量"复选框：显示图标不仅可以显示文字和图片，还可以显示一些程序变量的值。选择此复选框，可以在程序运行时使显示窗口中的变量能够随时显示其值的变化情况。

"禁止文本查找"复选框：Authorware 提供了文字查找与替换功能（选择"编辑 > 查找"命令），可以从图标名和图标中的文字对象中查找或替换某一内容。选择此复选框，则不允许对该图标进行文字查找。

"防止自动擦除"复选框：许多图标都具有自动擦除以前内容的功能，如显示图标、交互图标等。选择此复选框，则不允许自动擦除，而只能用擦除图标来擦除。

"擦除以前内容"复选框：一般情况下，显示图标只是将本身内容叠加在当前已有的画面上。选择此复选框，则会擦除以前已有的画面内容，然后再显示本图标内容。

"直接写屏"复选框：一般情况下，显示图标是按顺序来显示内容的。选择此复选框，则该图标内容总是处于最前面来显示。

4.2.2 设置特效方式

在"属性：显示图标"面板中，单击"特效"选项右侧的按钮，如图 4-5 所示，弹出"特效方式"对话框，如图 4-6 所示。

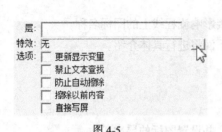

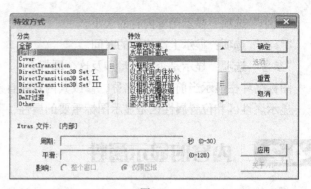

图 4-5　　　　　　　　　　图 4-6

对话框左侧的"分类"列表框中列出了特效的分类。

对话框右侧的"特效"列表框中列出了分类中包含的效果。

对话框下方是所选特效的参数。

"Xtras 文件"选项：说明选择的特效是 Authorware 内部的还是依靠 Xtras 文件外部提供的。

"周期"选项：标明特效持续的时间，以秒为单位。

"平滑"选项：标明特效的过渡平滑性，数值越小越光滑。

"影响"选项组：用于设置特效是影响整个窗口还是仅影响画面区域，它们所产生的效果是不同的。

"应用"按钮：单击此按钮，可以预览画面应用特效后的显示效果。

在"特效"选项框中选择一个特效方式，如图 4-7 所示，单击"确定"按钮完成设置。单击常用工具栏中的"运行"按钮 运行程序时，可以看见图片的特效显示，效果如图 4-8 所示。

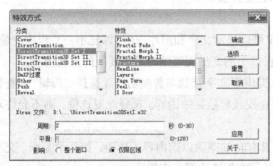

图 4-7　　　　　　　　　　图 4-8

4.2.3　定义图标显示层次

如果需要调节多个互相遮盖的显示图标，可以利用图标层次来控制显示的次序。在系统默认的状态下，程序流程线上的每个图标都是处于一个层，其画面内容也处于同一层，所以在流程线上，下方图标的内容就会遮挡住上方图标的内容。如果为图标设置不同的层次，即可控制遮挡关系。

在系统默认的状态下，Authorware 自定义图标处于第 1 层。如果设置了层次值，系统会按层次的大小来决定显示的前后顺序。

新建文档。将图标工具栏中的"显示"图标圀拖曳到流程线上 3 次，并分别命名为"底图"、"灰块"、"照片"。

在"显示"图标"底图"中导入一幅图片，在"显示"图标"灰色"中导入一幅灰色块，在显示图标"照片"中导入一幅楼房图片。流程线上的效果如图 4-9 所示。

在流程线上，下方"显示"图标中的内容会遮盖住上方"显示"图标中的内容。单击常用工具栏中的"运行"按钮 ▸ 运行程序，可见"底图"中的图片在最下方，"灰块"中的灰色块在中间，"照片"中的楼房图片在最上方，效果如图 4-10 所示。

图 4-9   图 4-10

如果需要将"底图"中的图片显示在其他两幅图片之上，可以使用图标层次控制。

用鼠标右键单击流程线上的"显示"图标"底图"，在弹出的菜单中选择"属性"命令，如图 4-11 所示。弹出"属性：显示图标"面板，在"层"选项的数值框中输入 3，定义图标层次为 3，如图 4-12 所示。

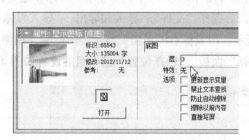

图 4-11   图 4-12

一旦某个图标被设置了层次，则图标中所有的对象都具有相同的层次。

单击常用工具栏中的"运行"按钮 ▸ 运行程序，底图图片显示在所有图片的上方，效果如图 4-13 所示。用相同的方法将"显示"图标"灰块"的显示层次设置为 6，则图标中的灰色块图片显示在所有图片的上方，效果如图 4-14 所示。

图 4-13

图 4-14

提示 当 3 个图标都没有设置层时，其默认层为 1，因此运行时下方图标中的内容就遮盖住了上方图标中的内容。所以图标"底图"在最下方，图标"照片"在最上方。

当将图标"底图"的层次设置为 3 时，图标"灰块"和"照片"的层次仍为 1，由于系统是按层次的大小来设置显示顺序的，所以图标"底图"中的内容就显示在所有图片的上方，而图标"灰块"中的内容就处于最下层了。

当将图标"灰块"的层次设置为 6 时，这时图标"底图"的层次为 3，图标"照片"的层次依然为 1，所以系统按层次的大小来显示，即为图标"灰块"中的内容在最上方，图标"照片"中的内容在最下方（6、3、1）。

4.3 内容的位置属性

"显示"图标中的内容是可以随意移动的，即使在程序运行时，也是可以随意改变图片位置的。如果想设置图标中的内容不可移动或按照某种路径移动，就需要利用显示图标的位置属性来控制。

新建文档。将图标工具栏中的"显示"图标拖曳到流程线上，用鼠标双击"显示"图标，弹出演示窗口。选择"文件 > 导入和导出 > 导入媒体"命令，将图片导入到演示窗口中，效果如图 4-15 所示。用鼠标右键单击"显示"图标，在弹出的菜单中选择"属性"命令，弹出"属性：显示图标"面板，"选择位置"选项组的设置如图 4-16 所示。

图 4-15

图 4-16

从"位置"选项的下拉列表中可以设置对象初始的显示位置。

"不能改变"选项：对象在程序运行时总显示在图标设定的固定位置，即使这个位置超出了显示窗口的范围。

"在屏幕上"选项：对象可以出现在演示窗口的任何位置，但整个对象必须是完整的显示，即必须在演示窗口内。其显示位置可以在"初始"选项中进行设置。

"在路径上"选项：对象可以出现在路径上的任何一个位置。路径是由"基点"和"终点"选项中的数值决定的。具体位置在"初始"选项中进行设置。

"在区域内"选项：对象可以出现在规定区域内的任何一个位置。规定区域是由"基点"和"终点"选项中的数值来决定的。具体位置在"初始"选项中进行设置。

从"活动"选项的下拉列表中可以设置对象是否移动以及如何移动。

"不能改变"选项：对象不能被移动。

"在屏幕上"选项：可以在演示窗口中移动对象，但必须使对象在窗口中完整显示。

"在路径上"选项：只能在定义的路径上移动对象。

"在区域内"选项：只能在规定区域内移动对象。

"任意位置"选项：可以随意移动对象，甚至可将其移出演示窗口。

4.3.1 设置对象位置不能变化

选择"属性：显示图标"面板，在"位置"选项的下拉列表中选择"不能改变"，并在"活动"选项的下拉列表中选择"在屏幕上"，如图 4-17 所示。单击常用工具栏中的"运行"按钮 运行程序，拖曳演示窗口中的图片，图片只能在演示窗口中移动，而不能超出边界，效果如图 4-18 所示。

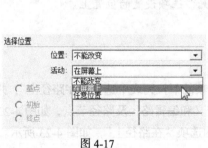

图 4-17 图 4-18

如果在"活动"选项的下拉列表中选择"不能改变"，如图 4-19 所示，在运行程序后，演示窗口中的图片仍然可以被移动。这是因为当前的程序依然是在 Authorware 编辑窗口中运行的，只有将文件打包成 EXE 文件后，才能体现出不可移动的性质。

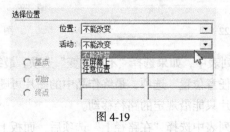

图 4-19

4.3.2　对象在显示窗口中移动

选择"属性：显示图标"面板，在"位置"选项的下拉列表中选择"在屏幕上"，并在"活动"选项的下拉列表中选择"在屏幕上"，然后在"初始"选项中输入数值，设置图片的初始位置，如图 4-20 所示。

在面板的上方有一行提示文字"拖动对象到最初位"，提示可以通过拖曳图片来定义初始位置。拖曳图片时，"初始"选项中的数值随图片位置的变化而发生变化，如图 4-21 所示。

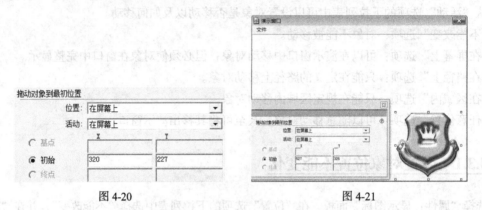

图 4-20　　　　　　　　　　　　　　　图 4-21

> **提示**　在"位置"选项的下拉列表中，"不能改变"和"在屏幕上"的区别主要在于后者可以定义图片的初始位置。定义好初始位置后，不论图标中图片的位置如何变化（不打开属性面板的情况下），在运行程序时，图片都会出现在由"初始"选项设置的位置上。

4.3.3　沿路径移动对象

选择"属性：显示图标"面板，在"位置"选项的下拉列表中选择"在路径上"，并在面板的下方增加了"撤销"和"删除"两个按钮，用于定义和编辑路径及路径节点，如图 4-22 所示。此时，在"活动"选项的下拉列表中出现了一个新的选项"在路径上"，如图 4-23 所示。

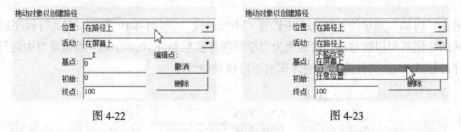

图 4-22　　　　　　　　　　　　　　　图 4-23

在"活动"选项的下拉列表中，如果选择"不能改变"选项，最终作品中的图片为不可移动；如果选择"在屏幕上"或"任意位置"选项，最终作品中的图片可随意移动；如果选择"在路径上"选项，最终作品中的图片只能沿规定的路径移动。

在"活动"选项的下拉列表中选择"在路径上"选项后，面板上方出现提示信息"拖动对象以创建路径",要求拖动对象形成一条路径(这里说的"对象"是指当前显示图标中的全部内容)。

当拖动对象到达一个位置时,提示信息变为"拖动对象到扩展路径",继续拖动对象到其他位置以形成扩展路径,如图 4-24 所示。

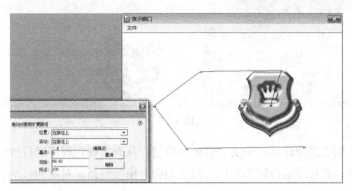

图 4-24

提示 必须在打开属性面板后,演示窗口中才能显示出路径;关闭属性面板,路径将不再显示。

如果初始建立的路径不能满足需要,那就需要对路径进行编辑。

如果要对路径上的某一节点进行编辑,则单击该节点,使之变为黑色,此时节点已被选中,并对选中的节点进行拖曳,如图 4-25 所示。

如果要删除选中的节点,单击"属性:显示图标"面板中的"删除"按钮即可。如果要取消操作,单击"属性:显示图标"面板中的"撤销"按钮即可。

如果需要将路径变得平滑,可以双击路径上的任意节点,与该节点相连接的折线变为曲线,节点的标记由三角形变为圆点,如图 4-26 所示。如果要恢复操作,只要在节点上双击鼠标,即可从曲线恢复为折线。

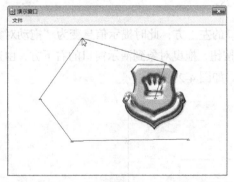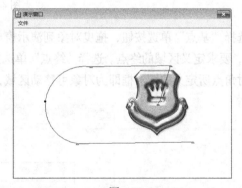

图 4-25   图 4-26

设置路径的坐标值。系统默认的路径起始点坐标值为"0",终点坐标值为"100",并以 0~100 之间的数值来标记路径上点的位置。可根据需要自行设置数值,对路径重新进行划分。

对象在路径上的初始位置由"初始"选项的数值来决定。在"初始"选项中输入一个数值,对象的位置就会随之发生变化。同样,用鼠标拖曳对象到不同的位置(只能沿路径进行拖曳),"初始"选项中的数值也会随之发生变化,如图 4-27 所示。

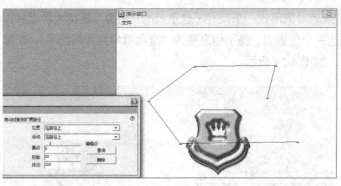

图 4-27

　　另外还可以应用变量或计算式来决定对象的位置，从而实现在程序运行过程中动态地改变对象的位置。虽然路径在程序运行时不可见，但它们会严格控制指定对象的移动。

4.3.4　在区域内移动对象

　　除限制对象沿路径移动外，还可限制对象在某个特定的区域内移动。

　　选择"属性：显示图标"面板，在"位置"选项的下拉列表中选择"在区域内"，并在"活动"选项的下拉列表中增加了一个"在区域内"选项，该选项定义对象只能在规定区域内移动。在面板的上方出现提示信息"拖动对象到起始位"，要求定义区域的起点，如图 4-28 所示。

图 4-28

　　选择"基点"单选按钮，拖曳对象到演示窗口的左上方，此时提示信息变为"拖动对象到结束位"，要求定义区域的终点。选择"终点"单选按钮，拖曳对象到演示窗口的右下方，由这两点作为对角点所定义的矩形框即为对象可移动区域，如图 4-29 所示。

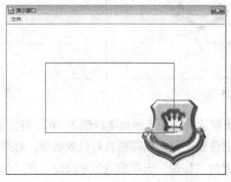

图 4-29

如果要修改对象可移动区域,可以选择"基点"或"终点"单选按钮,在演示窗口中重新拖曳对象到新的位置,则矩形区域会随之改变。

对象的位置由"初始"选项中的数值决定,可以是数值,也可以是变量或表达式。选择"初始"单选按钮,修改其数值如图 4-30 所示,则对象会移动到相应的坐标位置,如图 4-31 所示。同样,用鼠标在演示窗口中直接拖曳对象,"初始"选项中的数值也会相应的发生改变。

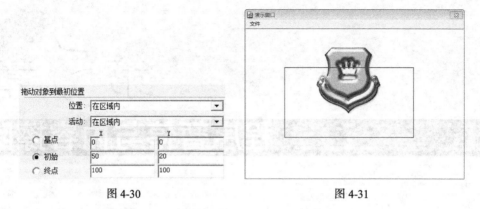

图 4-30   图 4-31

关闭"属性:显示图标"面板,运行程序,可以发现图片首先出现在"初始"选项指定的坐标点上,并且只能在位置属性定义的区域内被移动。

第5章
程序暂停与内容擦除

　　本章主要介绍在运行程序时遇到的多个显示图标中的图片重叠、互相遮盖的问题。这就需要应用程序暂停和内容擦除。通过对本章的学习，读者可以掌握如何在适当的时候使程序暂停以展示需要表达的内容，还可以掌握如何使用擦除命令清除旧的内容，显示新的信息。

课堂学习目标

- 使用"等待"图标
- 使用"擦除"图标

5.1 使用"等待"图标

"等待"图标又称为"暂停"图标，它可以使程序暂停运行，直到用户进行某种操作或满足某种条件，程序才继续进行后面的内容。

5.1.1 暂停程序

选择"文件 > 新建 > 文件"命令，新建文档。将图标工具栏中的"显示"图标▣拖曳到流程设计窗口中的流程线上，将图标命名为"茶杯"。用鼠标双击"显示"图标▣，弹出演示窗口，导入一幅茶杯图片，如图 5-1 所示。再次拖曳一个"显示"图标▣到流程线上，并将其命名为"狮子"。用鼠标双击"狮子"图标，切换到相应的演示窗口，导入一幅狮子图片，如图 5-2 所示。

图 5-1

图 5-2

单击常用工具栏中的"运行"按钮 ▣ 运行程序，会发现演示窗口中的茶杯图片一闪就不见了，几乎被狮子图片所遮盖，如图 5-3 所示。

图 5-3

如果想看清楚茶杯图片，应当使程序在显示茶杯图片的内容后暂停片刻。从图标工具栏中拖曳一个"等待"图标🔘到两个显示图标之间，并将其命名为"等待"，如图 5-4 所示。

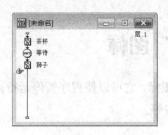

图 5-4

提示 "等待"图标被拖曳到流程线上后，没有默认的图标名称，应立即为其定义一个名称。

重新运行程序，在茶杯图片出现后程序自动暂停，在演示窗口的左上方出现一个"继续"按钮 继续 ，如图 5-5 所示。单击"继续"按钮 继续 ，继续运行程序，显示狮子图片，并遮挡住了茶杯图片。

图 5-5

5.1.2 "等待"图标的属性

用鼠标双击流程线上的"等待"图标 ，弹出"属性：等待图标"面板，如图 5-6 所示。面板的左侧是等待按钮的样式和图标信息，面板的右侧是等待图标的控制选项。

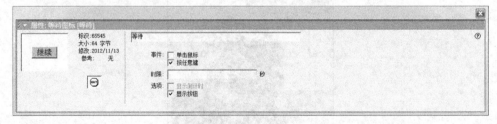

图 5-6

"事件"选项组：可以选择"单击鼠标"或"按任意键"的方式控制程序继续运行。

"时限"选项：可以在选项的数值框中输入一个时间值。若暂停时间到了则程序继续运行。

"选项"选项组：可以选择显示剩余时间或显示按钮。

5.1.3　控制程序等待的时间

在属性面板中设置不同的控制选项，等待图标的控制方式将发生改变。

在"属性：等待图标"面板中取消勾选"按任意键"和"显示按钮"复选框。在"时限"选项的数值框中输入数值"6"，定义等待时间为 6s。这时，"选项"选项组中的"显示倒计时"复选框变为可用，勾选此复选框，面板左侧的预览窗口中显示出一个闹表的标记，如图 5-7 所示。

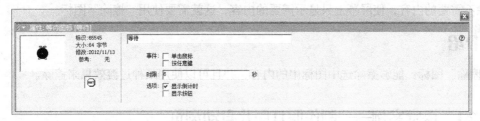

图 5-7

关闭属性面板，运行程序，在演示窗口的左下方出现一个闹表，显示暂停剩余的时间，如图 5-8 所示，6s 时间一到，程序会自动继续运行。

图 5-8

5.1.4　鼠标和键盘控制

在"属性：等待图标"面板中勾选"单击鼠标"和"按任意键"复选框，取消对其他选项的勾选，如图 5-9 所示。关闭属性面板，运行程序，当程序暂停时只需单击鼠标左键或按下任意键，程序就会继续运行。

图 5-9

> **提示** 这种没有任何提示而暂停程序的情况往往会给人错觉，不知道程序是在运行还是已经运行完毕，或是出现了问题，因此应该在程序等待时给用户一个提示。

5.2 使用"擦除"图标

当许多图片和内容重叠显示时，画面往往显得比较乱，不能突出重点。如果希望在适当的时候擦除不需要的内容，使屏幕上只显示需要的内容，这就需要使用"擦除"图标。

命令介绍

"擦除"图标：能够擦除选中图标中的内容，并且可以使用某种过渡效果来擦除。

5.2.1 课堂案例——制作假日照片自动浏览

【案例学习目标】使用擦除功能擦除图片。

【案例知识要点】使用"显示"图标导入图片；使用显示模式选择框设置图片的模式；使用等待图标设置等待属性；使用擦除图标设置图片的擦除；使用属性面板设置擦除的过渡效果。最终效果如图 5-10 所示。

【效果所在位置】光盘/Ch05/效果/制作假日照片自动浏览.a7p。

图 5-10

（1）选择"文件 > 新建 > 文件"命令，新建文档。选择"修改 > 文件 > 属性"命令，弹出"属性：文件"面板，在"大小"选项的下拉列表中选择"根据变量"，并取消勾选"显示菜单栏"复选框，如图 5-11 所示。

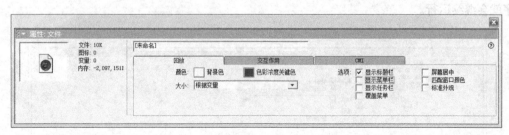

图 5-11

（2）将图标工具栏中的"显示"图标📄拖曳到流程线上，并将其重新命名为"底图"，如图 5-12 所示。用鼠标双击"显示"图标，弹出演示窗口。选择"文件 > 导入和导出 > 导入媒体"命令，弹出"导入哪个文件？"对话框，选择光盘中的"Ch05 > 素材 > 制作假日照片自动浏览 > 01"文件，单击"导入"按钮，将图片导入到演示窗口中，效果如图 5-13 所示。

图 5-12　　　　　　　　　　　　　　　　图 5-13

（3）再次拖曳一个"显示"图标到流程线上，并将其重新命名为"照片 1"，如图 5-14 所示。用鼠标双击"显示"图标"照片 1"，在弹出的演示窗口中导入光盘中的"Ch05 > 素材 > 制作假日照片自动浏览 > 02"文件，如图 5-15 所示。

图 5-14　　　　　　　　　　　　　　　　图 5-15

（4）在工具箱的模式选择区单击鼠标，弹出显示模式选择框，选择其中的"阿尔法"模式🔲，如图 5-16 所示。演示窗口中的图片效果如图 5-17 所示，此时可以看见方形外侧的图片被遮住了，这是因为素材"02"已经在 Photoshop 软件中设置了 Alpha 通道，方形外侧的部分被设置为遮罩区域，如图 5-18 所示。

图 5-16　　　　　　　　　　图 5-17　　　　　　　　　　　　图 5-18

"阿尔法"模式🔲仅对带有 Alpha 通道的 PSD 格式图像起作用，本例素材文件中的"02、03、04 和 05"文件均是包含 Alpha 通道的 PSD 格式文件。

（5）用鼠标双击"显示"图标"照片1"，弹出"属性：显示图标"面板，单击"特效"选项右侧的按钮 ，弹出"特效方式"对话框。在"特效"列表框中选择"以相机光圈开放"，如图 5-19 所示。单击"确定"按钮，属性面板的设置如图 5-20 所示。

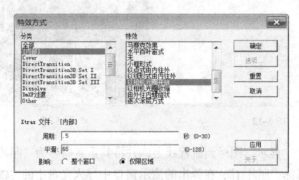

图 5-19

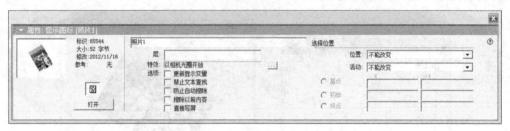

图 5-20

（6）拖曳一个"等待"图标📠到流程线上，并将其重新命名为"等待时间"，如图 5-21 所示。双击"等待"图标，弹出"属性：等待图标"面板，并在"时限"选项的文本框中输入"2"，设置等待时间为 2s，其他选项的设置如图 5-22 所示。

图 5-21

图 5-22

（7）拖曳一个"擦除"图标📄到流程线上，并将其重新命名为"擦除"，如图 5-23 所示。双击"擦除"图标，弹出"属性：擦除图标"面板，并单击"特效"选项右侧的按钮 ，弹出"擦除模式"对话框。在"特效"列表框中选择"以相机光圈收缩"，如图 5-24 所示，单击"确定"按钮。

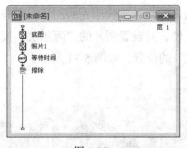

图 5-23

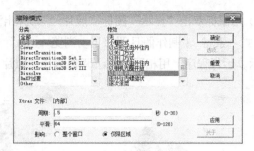

图 5-24

（8）在流程线上将要擦除的"显示"图标"照片 1"拖曳到"擦除"图标上，显示图标"照片 1"出现在"属性：擦除图标"面板中的图标窗口中，如图 5-25 所示。

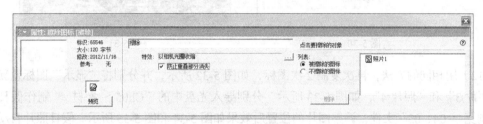

图 5-25

（9）单击常用工具栏中的"运行"按钮 ▶，运行程序，此时，"照片 1"图片的位置有些偏离，如图 5-26 所示。暂停程序，用鼠标直接拖曳演示窗口中的图片调整位置，如图 5-27 所示。

图 5-26

图 5-27

（10）用鼠标圈选流程线下方的 3 个图标，如图 5-28 所示。选择"编辑 > 复制"命令，将选中的图标进行复制。用鼠标单击流程线的最下方，出现手形图标 🖐，选择"编辑 > 粘贴"命令，将图标进行粘贴，并将复制出的"显示"图标"照片 1"重新命名为"照片 2"，如图 5-29 所示。

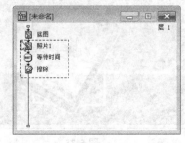

图 5-28

图 5-29

（11）用鼠标双击"显示"图标"照片 2"，弹出演示窗口，删除原先的图片，再导入光盘中的"Ch05 > 素材 > 制作假日照片自动浏览 > 03"文件，并设置图片的"阿尔法"模式，如图 5-30 所示。运行程序，用相同的方法调整图片"照片 2"的位置，如图 5-31 所示。

图 5-30

图 5-31

（12）用相同的方法，再次复制 2 次图标，如图 5-32 所示，并分别将"显示"图标重新命名为"照片 3"和"照片 4"，如图 5-33 所示。分别导入光盘中的"Ch05 > 素材 > 制作假日照片自动浏览 > 04、05"文件，调整图片的位置后效果如图 5-34 和图 5-35 所示。假日照片自动浏览制作完成。

图 5-32

图 5-33

图 5-34

图 5-35

5.2.2 认识"擦除"图标

将图标工具栏中的"擦除"图标 ◪ 拖曳到流程设计窗口中的流程线上,将图标重新命名为"擦除",如图 5-36 所示。单击常用工具栏中的运行按钮 ▷ 运行程序,程序在遇到空白的擦除图标时暂停,同时弹出"属性:擦除图标"面板,如图 5-37 所示。

图 5-36   图 5-37

提示　程序运行时遇到未曾编辑过的图标(包括显示图标、计算图标、擦除图标、声音图标和动画图标等)时,会自动暂停程序,等待用户对图标进行编辑和设置。

面板的左侧是图标信息,中间用于设置擦除效果,右侧显示的是擦除图标要擦除的内容。

"特效"选项:用于设置以某种过渡效果擦除内容。

"点击要擦除的对象":要求从演示窗口中选中一个或几个图标(内容)。

"列表"选项组:用于设置对选择的图标是擦除还是保留。选择"被擦除的图标"单选按钮,将擦除所有选中图标中的内容;选择"不擦除的图标"单选按钮,将擦除除选中图标以外的所有图标内容。

图标窗口:用于显示所选图标的名称。

"删除"按钮 [　删除　]:在图标窗口中选中某个图标,则此按钮为可用,单击此按钮可以删除选中的图标。

要选择擦除对象,有两种方法:一种是在流程线上将要擦除的图标直接拖曳到擦除图标上;另一种是在演示窗口中选中要擦除的内容。

用鼠标在演示窗口中单击茶杯图片,图片在画面中消失,同时显示图标"茶杯"出现在"属性:擦除图标"面板中的图标窗口中,如图 5-38 所示。

图 5-38

运行程序,当出现茶杯图片时,用鼠标单击,茶杯图片被擦除,同时画面上显示出狮子图片,如图 5-39 所示。

图 5-39

提示　当选择擦除某个图片对象时，实际上选择的是相应的显示图标，"擦除"图标将擦除图标中的所有内容。如果想擦除某个对象而保留另一个对象，则需将它们分别放在不同的显示图标中。

5.2.3　设置擦除过渡效果

"擦除"图标能够擦除选中图标中的内容，并且可以使用某种过渡效果来擦除。

在"属性：等待图标"面板中单击"特效"选项右侧的按钮 ，弹出"擦除模式"对话框，如图 5-40 所示。在"分类"列表框中可以选择类别，而在"特效"列表框中可以选择类别中包含的过渡效果。

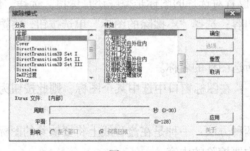

图 5-40

选择一种过渡效果后，单击"确定"按钮，并在"特效"选项中出现此过渡效果的名称，如图 5-41 所示。

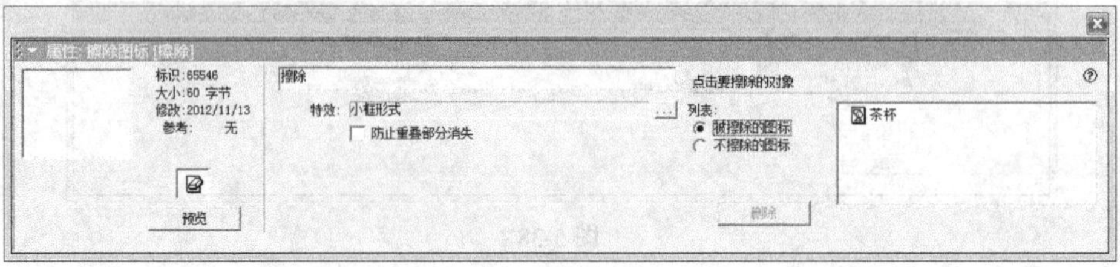

图 5-41

运行程序，即可看见对"茶杯"图片的擦除呈现出小框形式的过渡效果，如图 5-42 所示。

图 5-42

在流程线上选中显示图标"狮子",单击"属性:显示图标"面板中"特效"选项右侧的按钮，并在弹出的"特效方式"对话框中选中与擦除图标使用的过渡效果相同的"小框形式",单击"确定"按钮,面板中的设置如图 5-43 所示。

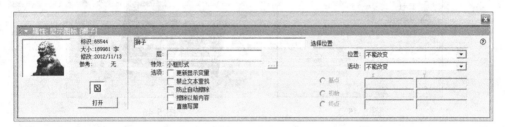

图 5-43

运行程序,"茶杯"图片的擦除和"狮子"图片的显示同时进行。

如果希望"茶杯"图片完全擦除后再出现"狮子"图片,那么在"属性:擦除图标"面板中勾选"防止重叠部分消失"复选框即可,如图 5-44 所示。

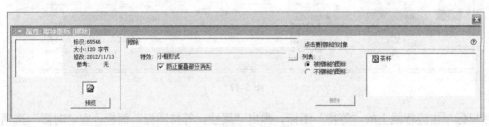

图 5-44

> **提示** "防止重叠部分消失"复选框用于避免对图片以过渡效果进行擦除和显示时同步。
>
> 当前一个"显示"图标以某种效果被擦除,而后一个"显示"图标同样以该种效果显示时,若不勾选"防止重叠部分消失"复选框,则前一图标内容的擦除与后一图标内容的显示同时进行;若勾选"防止重叠部分消失"复选框,则前一图标内容被完全擦除后,后一图标的内容才会显示。

5.2.4 自动运行程序

有时需要程序能够自动运行,即不受外界的干预,自动一步步执行,如课件演示、汇报材料等。实现程序自动运行的方法有多种，最简单、最基本的一种是利用"显示—等待—擦除"的方法来实现。

利用"显示"图标显示一个内容，然后等待几秒钟，最后擦除这个内容，从而实现图片内容从显示到消失的全过程。

选择"文件 > 新建 > 文件"命令，新建文档。在流程线上分别拖入 2 个"显示"图标、一个"等待"图标和一个"擦除"图标，并分别命名为"底图"、"图片 1"、"等待时间"和"擦除"，如图 5-45 所示。

在"显示"图标的演示窗口中导入图片，如图 5-46 所示。

图 5-45   图 5-46

用鼠标右键单击流程线上的"图片 1"图标，在弹出的菜单中选择"属性"命令，弹出"属性：显示图标"面板，并在"特效"选项中设置图片的显示效果为"以点式由内往外"，如图 5-47 所示。

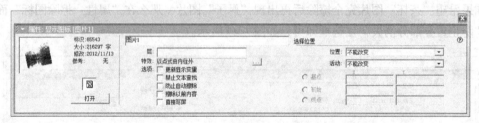

图 5-47

用鼠标单击流程线上的"等待"图标，弹出"属性：等待图标"面板，在"时限"选项的文本框中输入 6，定义程序在等待 6s 后继续运行，并取消对其他选项的勾选，如图 5-48 所示。

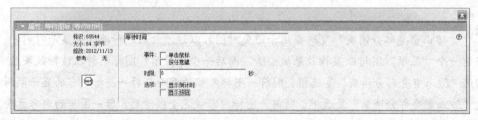

图 5-48

在流程线上，拖曳"显示"图标"图片 1"到擦除图标上，设置擦除该"显示"图标。用鼠标单击流程线上的"擦除"图标，弹出"属性：擦除图标"面板，在"特效"选项中设置图片的擦除效果为"以点形式由外往内",并勾选"防止重叠部分消失"复选框,如图 5-49 所示。运行程序,"显示"图标中的风景图片显示 6s 后自动被擦除。

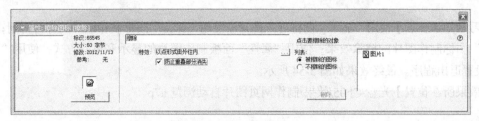

图 5-49

　　为了说明自动演示的效果,可以多建立几幅展示画面并使其自动演示。按住鼠标左键,并在流程设计窗口的左上方向右下方拖曳出一个虚线框,圈选住 3 个图标,如图 5-50 所示。松开鼠标,3 个图标均为反显状态,说明都被选中。

　　选择"编辑 > 复制"命令,复制选中的 3 个图标,在流程线上擦除图标的下方单击鼠标,出现手形图标。选择"编辑 > 粘贴"命令,将复制的图标粘贴到此处,如图 5-51 所示。

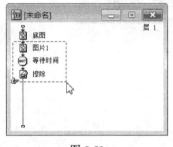

图 5-50

图 5-51

技巧　如果流程线不够长,可以拖曳流程设计窗口的边框将其拉大,则流程线会随之自动延长。

　　将复制出的"显示"图标命名为"图片 2",如图 5-52 所示,并在其演示窗口中删除原始图片,导入新的图片,如图 5-53 所示。运行程序,可以看到不同的图片一幅幅地出现,又一幅幅地消失,整个程序是自动运行的。

图 5-52

图 5-53

5.3 课后习题——制作网页图片自动浏览

【习题知识要点】使用"显示"图标导入图片；使用"等待"图标制作图片的等待时间；使用"擦除"图标制作图片的擦除效果；使用"属性"面板制作图片的显示和擦除方式；使用"计算"图标设置退出程序。最终效果如图 5-54 所示。

【效果所在位置】光盘/Ch05/效果/制作网页图片自动浏览.a7p。

图 5-54

第6章

声音与视频处理

　　本章主要介绍使用"声音"图标和"电影"图标把多媒体与电影、音乐和数字视频联系在一起的方法。通过本章的学习，读者可以掌握如何使用"声音"图标和"电影"图标，还可以掌握如何在程序中引用声音和视频，为制作出结构简单、内容丰富、形式多样的多媒体作品打下坚实的基础。

课堂学习目标

- 声音的使用
- 声音文件的压缩
- 视频的应用
- 电影与文字同步
- 电影画面的擦除

6.1 声音的使用

Authorware 的"声音"图标直接支持的声音文件格式主要有 AIFF、PCM、SWA、COX、MP3 和 WAV 格式等。下面具体介绍为程序添加声音的方法和"声音"图标的属性。

命令介绍

"声音"图标：可以添加到流程线上。双击弹出其属性面板，设置声音属性。

6.1.1 课堂案例——制作四季风景

【案例学习目标】使用"声音"图标属性面板中的导入命令导入声音素材。

【案例知识要点】使用"导入"命令导入图片；使用"声音"图标属性面板添加音效。最终效果如图 6-1 所示。

【效果所在位置】光盘/Ch06/效果/制作四季风景.a7p。

图 6-1

（1）选择"文件 > 新建 > 文件"命令，新建文档。选择"修改 > 文件 > 属性"命令，弹出"属性"面板，将"大小"选项设置为"根据变量"，并取消勾选"显示菜单栏"复选框，如图 6-2 所示。

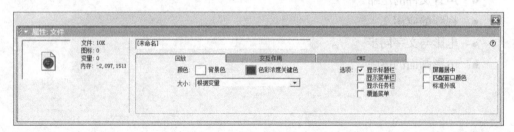

图 6-2

（2）将图标工具栏中的"显示"图标拖曳到流程设计窗口中的流程线上，并将其命名为"背景"，如图 6-3 所示。双击"显示"图标，弹出演示窗口。选择"文件 > 导入和导出 > 导入媒体"命令，弹出"导入哪个文件？"对话框，选择光盘中的"Ch06 > 素材 > 制作四季风景 > 01"文件，单击"导入"按钮，将图片导入到演示窗口中，效果如图 6-4 所示。关闭演示窗口。

图 6-3

图 6-4

（3）将图标工具栏中的"群组"图标拖曳到流程线上，并将其重命名为"春景"。双击"群组"图标，弹出"春景"流程设计窗口，如图 6-5 所示。拖曳一个"显示"图标到新的流程线上，并重命名为"图片"。双击"显示"图标，弹出演示窗口。选择"文件 > 导入和导出 > 导入媒体"命令，弹出"导入哪个文件？"对话框，选择光盘中的"Ch06 > 素材 > 制作四季风景 > 02"文件，单击"导入"按钮，将图片导入到演示窗口中，效果如图 6-6 所示。

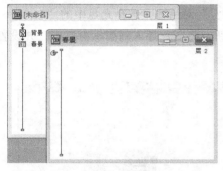

图 6-5

图 6-6

（4）在工具箱的模式选择区单击鼠标，弹出显示模式选择框，选择其中的"阿尔法"模式，演示窗口中的图片效果如图 6-7 所示。单击常用工具栏中的"运行"按钮运行程序。按 <Ctrl>+<P>组合键，暂停程序，在演示窗口中单击鼠标选取图片，并将其拖曳到适当的位置，如图 6-8 所示。

图 6-7

图 6-8

（5）将图标工具栏中的"声音"图标拖曳到"春景"流程设计窗口的流程线上，并命名为"声音 1"，如图 6-9 所示。双击"声音"图标，弹出"属性：声音图标"面板，单击"导入"

按钮，弹出"导入哪个文件？"对话框，选择光盘中的"Ch06 > 素材 > 制作四季风景 > 03"文件，单击"导入"按钮，导入声音文件，如图 6-10 所示。关闭"春景"流程设计窗口。

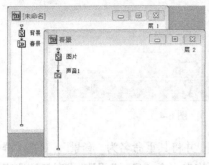
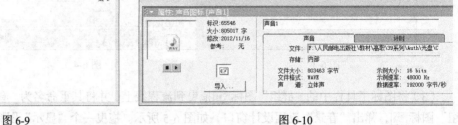

图 6-9   图 6-10

（6）将图标工具栏中的"群组"图标拖曳到主流程线上，并将其重命名为"夏景"。双击"群组"图标，弹出"夏景"流程设计窗口，如图 6-11 所示。拖曳一个"显示"图标到新的流程线上，并命名为"图片"。双击"显示"图标，弹出演示窗口。选择"文件 > 导入和导出 > 导入媒体"命令，弹出"导入哪个文件？"对话框，选择光盘中的"Ch06 > 素材 > 制作四季风景 > 04"文件，单击"导入"按钮，将图片导入到演示窗口中，并设置为"阿尔法"模式，效果如图 6-12 所示。

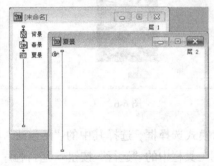

图 6-11   图 6-12

（7）单击常用工具栏中的"运行"按钮运行程序。显示 04 图片后，按<Ctrl>+<P>组合键，暂停程序，在演示窗口中单击选取图片，并将其拖曳到适当的位置，如图 6-13 所示。

图 6-13

（8）将图标工具栏中的"声音"图标拖曳到"夏景"流程设计窗口的流程线上，并命名为

"声音2"，如图 6-14 所示。双击"声音"图标，弹出"属性：声音图标"面板，单击"导入"按钮，弹出"导入哪个文件？"对话框，选择光盘中的"Ch06 > 素材 > 制作四季风景 > 05"文件，单击"导入"按钮，导入声音文件，如图 6-15 所示。关闭"夏景"流程设计窗口。

图 6-14

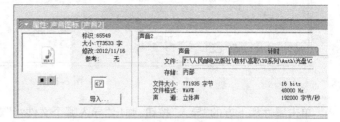

图 6-15

（9）用相同的方法导入秋景和冬景的图片和声音文件，如图 6-16 所示。单击常用工具栏中的"运行"按钮 ▶ 运行程序。制作四季风景制作完成，效果如图 6-17 所示。

图 6-16

图 6-17

6.1.2　为程序添加声音

选择"文件 > 新建 > 文件"命令，新建文档。将图标工具栏中的"显示"图标拖曳到流程设计窗口中的流程线上，将图标重新命名为"图片"。用鼠标双击"显示"图标，弹出演示窗口，导入图片，如图 6-18 所示。

图 6-18

将图标工具栏中的"声音"图标拖曳到流程设计窗口中的流程线上，并将图标命名为"水声"。用鼠标双击"声音"图标，弹出"属性"面板，如图 6-19 所示。

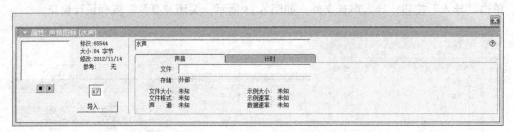

图 6-19

单击属性栏下方的"导入"按钮，弹出"导入哪个文件？"对话框，如图 6-20 所示。选择"02.wav"文件，单击"导入"按钮，弹出载入进度条的对话框，如图 6-21 所示，显示声音文件的载入进度。如果文件较小，对话框往往是一闪即逝。

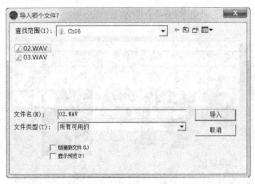

图 6-20

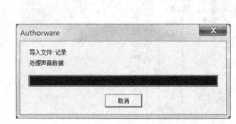

图 6-21

声音文件导入后，在"属性"面板的"声音"选项卡中显示导入文件的名称、存储类型、文件大小、文件格式、包含声道数、示例大小、示例速率和数据速率等信息，如图 6-22 所示。可以通过单击左侧的"播放"按钮▶预听导入的声音文件的效果。

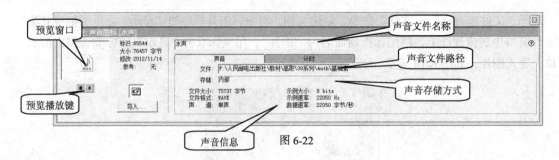

图 6-22

6.1.3 声音图标的时间属性

在"属性"面板中单击"计时"选项卡，切换到声音图标的时间属性，如图 6-23 所示。其中包括了声音图标属性中最重要的一些内容，通常所要进行的设置就集中在其中。

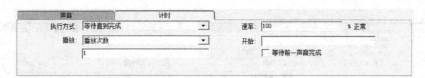

图 6-23

"计时"选项卡所包含的内容及具体功能如下。

"执行方式"选项：决定程序在播放声音文件时该如何向下执行。"等待直到完成"是指直到声音播放完程序才继续进行。"同时"是指在播放声音的同时继续执行程序。"永久"是指不论程序执行到什么位置，一旦声音图标的控制条件满足就播放声音。

"播放"选项：决定声音播放的次数或控制条件。在其下方的输入框中可以输入固定播放次数或某种控制条件。

"速率"选项：声音播放的速度，以 100%为正常速度，大于 100%会使声音变快变尖锐，小于 100%会使声音变慢变粗。

"开始"选项：决定何时播放声音，可以利用变量或条件表达式来控制，当变量或条件为真时，就会播放声音。若此项内容为空白，则 Authorware 每次遇到此声音图标就会播放声音。

"等待前一声音完成"复选框：一直等到前一个声音图标中的内容播放完以后才播放本图标的声音。

将"声音"图标拖曳到流程设计窗口中的流程线上，并将图标命名为"鸟叫"，如图 6-24 所示。用鼠标双击"声音"图标，弹出"属性"面板，单击属性栏下方的"导入"按钮，弹出"导入哪个文件？"对话框，选择"03.wav"文件，单击"导入"按钮，导入声音。

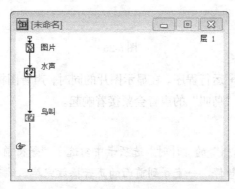

图 6-24

单击常用工具栏中的"运行"按钮 运行程序，当声音图标"水声"播放声音时，程序处于等待状态，声音图标"鸟叫"中的声音没有出现。当"水声"播放完以后，程序才会继续执行，播放鸟叫的声音。

提示 这是因为声音图标"水声"的"计时"选项卡中的"执行方式"选项定义了"等待直到完成"。如果需要单独听完某段音乐或声音，就应选择这个选项。

结束程序运行后。选择声音图标"水声"，在"属性"面板中单击"计时"选项卡，将"执行方式"选项设置为"同时"，如图 6-25 所示。

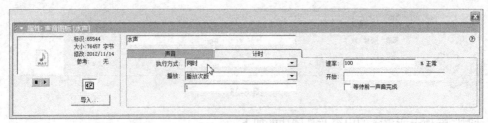

图 6-25

再次单击"运行"按钮 ▶ 运行程序，能够显示图标中的图片，但是声音还有问题：声音图标"水声"的声音没有播放，而是直接播放"鸟叫"的声音。

因为声音图标"水声"采用了"同时"选项，使程序在播放其声音的同时继续向下执行，播放声音图标"鸟叫"的声音。而 Authorware 不能使用声音图标同时播放两个 WAV 文件（两个声音文件要占用一个声道），所以在播放后面的声音的时候就自动终止了前面的声音。而且，由于计算机的运行速度很快，前面的声音还来不及被听清就终止了，因此只听见声音图标"鸟叫"的声音。

要使后面的声音不覆盖前面的声音，我们可以选择声音图标"鸟叫"，在"属性"面板中单击"计时"选项卡，勾选"等待前一声音完成"复选框，如图 6-26 所示。

图 6-26

再次单击"运行"按钮 ▶ 运行程序。在显示图片的同时，声音图标"水声"的声音得到播放，待其播放完毕后，声音图标"鸟叫"的声音会紧接着响起。

提示 因为声音图标"鸟叫"的"计时"选项卡中勾选了"等待前一声音完成"复选框，所以程序在这个声音图标处也会暂停，一直等到前面的声音播放完毕，才开始播放本图标的声音并继续程序。

6.2 声音文件的压缩

Authorware 专门附带了一个声音文件的压缩软件 Voxware Encoder，可以对"纯"语音文件进行压缩，而且声音质量好。下面具体介绍声音文件压缩的方法和技巧。

6.2.1 应用 Voxware 编码器压缩语音文件

在 Authorware 的安装目录下有一个"Voxware.Encoder"目录，其中包含了 Voxware 编码程序

文件 "VCTEncod.exe"，如图 6-27 所示。

执行 "VCTEncod.exe" 程序，打开 "VCT Encoder" 面板，如图 6-28 所示。窗口上部为 WAV 文件区，下部是压缩后的 VOX 文件区，中部的 按钮和 按钮可以实现 WAV 文件与 VOX 文件的相互转换。

图 6-27   图 6-28

单击 WAV 文件区中的 ... 按钮，弹出 "打开" 对话框，如图 6-29 所示。选取声音文件 "02"，单击 "打开" 按钮，文件被调入 "VCT Encoder" 面板中，并显示出文件大小、时间等，如图 6-30 所示。可单击 "播放" 按钮 ▶ 预听该文件。

图 6-29   图 6-30

单击 按钮，弹出如图 6-31 所示的提示对话框，询问是否将 WAV 文件以原名称压缩，并将其保存在默认路径下，或者也可以自己定义压缩文件的保存路径及名称。

单击 "确定" 按钮，WAV 文件被压缩。压缩完成后，在 VOX 文件区会显示出 VOX 文件的文件名、路径、文件大小和时间等信息，如图 6-32 所示。同时，可以单击 "播放" 按钮 ▶ 来听一听压缩后的声音效果。

图 6-31   图 6-32

WAV 文件大小为 142.43KB，而压缩后的 VOX 文件仅为 2.58KB，其压缩率很高。从音质上来说，压缩后的声音会略显低沉，但完全能够满足多媒体设计的需要。

6.2.2　批量压缩

将资源管理器中的多个声音文件拖动到 WAV 文件区的列表窗口中，如图 6-33 所示。选择 "Edit > Select All Wave" 命令，将列表窗口中的文件全部选中。单击 按钮，全部 WAV 文件都被压缩，并被保存到默认（或相关）的目录下，如图 6-34 所示。

图 6-33

图 6-34

压缩文件保存的默认目录是 Authorware 安装目录下的 "Voxware Encoder" 子目录。

6.2.3　压缩算法

无论单个文件还是批量文件的转换，都可以选择不同的算法。单击 WAV 文件区的 Compression Codec 按钮，弹出 "Codec Select" 对话框，如图 6-35 所示，选择压缩算法。

"MetaVoice RT24 V2.0" 具有较高的压缩比，而 "MetaVoice RT29 V2.0" 具有相对较好的压缩质量，实际使用时可以根据需要来选择。一般倾向于使用具有较好质量的 "RT29" 算法。

VOX 文件向 WAV 文件的解压缩操作与前面讲的压缩操作是互通的，但是一般较少使用，所以在此不再详述。

图 6-35

6.2.4　将 WAV 文件转化为 SWA 文件

SWA（ShockWave Audio）文件是一种数据量较小，可以在计算机或网络上快速播放的文件类型，可以边下载边播放。

选择 "其他 > 其他 > Convert WAV To SWA" 命令，弹出 "Convert.WAV Files To.SWA files" 对话框，如图 6-36 所示，可将 WAV 文件转化为 SWA 文件。

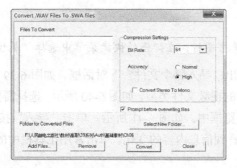

图 6-36

对话框中各选项的功能如下。

"Bit Rate" 选项：可选择压缩数据率。数据率越大，压缩比越小，声音质量越好，但是压缩后的数据量也比较大。反之，采用较小的数据率，声音质量会受到影响，但是压缩后的数据量也比较小。在实际使用时，设置该选项为 "24"，就可以满足数据量与声音质量的要求，此时的压缩比为 6:1。

"Accuracy" 选项：选择声音压缩准确度的高低。

"Convert Stereo To Mono" 复选框：勾选此复选框，将立体声音乐转化为单声道音乐。

"Prompt before overwriting files" 复选框：勾选此复选框，在覆盖文件之前提示。

Select New Folder... 按钮：用来选择转换后文件的存放位置。

Add Files... / Remove 按钮：用来添加或删除需要转换的文件。

Convert 按钮：开始转换。

WAV 文件转化为 SWA 文件后，可以直接通过声音图标调用播放。

6.3　视频的应用

视频是多媒体作品的一个重要表现形式，包括计算机动画和数字视频两大类，它们都能被Authorware 程序使用，统称为电影。下面具体介绍视频的应用方法。

6.3.1　为程序添加视频

选择 "文件 > 新建 > 文件" 命令，新建文档。将图标工具栏中的 "数字电影" 图标 拖曳到流程设计窗口中的流程线上，并将图标命名为 "视频"，如图 6-37 所示。用鼠标左键双击流程线上的 "数字电影" 图标 ，弹出 "属性" 面板，如图 6-38 所示。

图 6-37

图 6-38

也可用鼠标右键单击图标，在弹出的快捷菜单中选择"属性"命令，打开属性面板。

单击"导入"按钮，弹出"导入哪个文件？"对话框，如图 6-39 所示。在"文件类型"下拉列表中可看到电影图标支持的视频文件类型，如图 6-40 所示。选择需要的文件，勾选"显示预览"复选框，电影画面出现在预览框中，如图 6-41 所示。单击"导入"按钮，导入文件。

在"属性"面板中可以看到信息内容的变化。单击常用工具栏中的"运行"按钮 ▶ 运行程序，如图 6-42 所示。

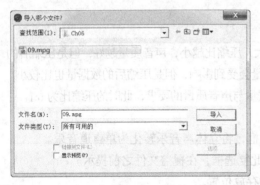

图 6-39   图 6-40

   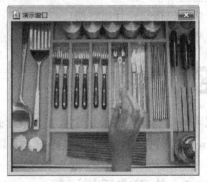

图 6-41   图 6-42

 若需要调整视频对象的位置，可以在程序运行时暂停程序，然后拖曳到演示窗口的适当位置。

暂停程序的方法有以下 3 种。

（1）选择"窗口 > 控制面板"命令，在弹出的控制面板中单击"暂停"按钮 ▮▮ 。

（2）选择"调试 > 暂停"命令。

（3）按<Ctrl>+<P>组合键。

6.3.2 电影图标的属性

双击"数字电影"图标 ▦ ，弹出"属性：电影图标"面板，如图 6-43 所示。

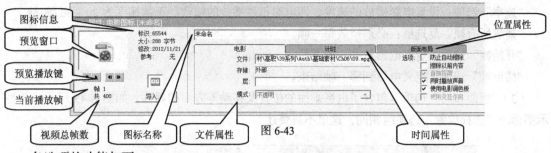

图标信息
预览窗口
预览播放键
当前播放帧
位置属性

视频总帧数   图标名称   文件属性   图 6-43   时间属性

各选项的功能如下。

（1）"电影"选项卡主要包括电影文件属性和显示属性方面的控制项。

"文件"选项：显示电影文件的名称及路径，可以通过输入文件名来选择电影文件。

"存储"选项：显示电影文件存储方式，分内嵌式和外置式两种。一般 FLC/FLI 文件以内嵌式保存，AVI/MPEG 文件以外置式存放。

"层"选项：定义了当前电影所在的层次，可以用数值或变量来定义它。外置式电影总是出现在其他对象之前。内嵌式电影则可以通过调整层次来控制显示的前后。

"模式"选项：定义电影的遮盖模式。包括不透明、遮隐、透明和反转 4 种模式。外置电影只能使用不透明模式，内嵌式电影则可以使用以上几种模式。

"防止自动擦除"复选框：勾选此复选框，防止自动擦除。

"擦除以前内容"复选框：勾选此复选框，擦除当前屏幕上所有层次等于或低于自身层次的内容，保留较高层次的内容。

"直接写屏"复选框：勾选此复选框，直接出现在屏幕，使电影画面出现在其他没有选择此项的电影的前面，而不受层次的控制。若要利用层次对电影进行控制，就不能勾选此复选框。本复选框只在遮盖模式为不透明时使用。外置式电影无法取消对此复选框的选择，内置式电影可以选择。

"同时播放声音"复选框：控制是否播放电影文件所带伴音。若电影类型不支持声音，则此复选框变为不可用状态。

"使用电影调色板"复选框：勾选此复选框，使用电影本身的调色板来代替 Authorware 的调色板，以防止电影偏色。

"使用交互作用"复选框：勾选此复选框，允许与 Director 电影进行交互控制，如通过键盘或鼠标来控制播放。对于常用的 FLC、AVI 文件，此选项不可用。

（2）"计时"选项卡主要包括电影运行控制方面的一些属性，如图 6-44 所示。

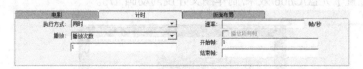

图 6-44

"执行方式"选项：定义当前播放电影时程序的执行情况。有 3 个选项，与声音图标的属性相同，故这里不再赘述。

"播放"选项：定义电影播放次数。"重复"是重复播放，直到电影被删除或被命令停止。"播放次数"按下面输入框定义的次数或变量值来重复播放。"直到为真"是指重复播放电影，直到下面输入框定义的表达式为真时才停止。

"速率"选项：设置电影播放的速度，即电影每秒播放的帧数。正常速度为 20～30 帧/秒。

"播放所有帧"复选框：必须播放每一帧。

"开始帧"选项：定义电影从哪一帧开始。

"结束帧"选项：定义电影到哪一帧结束。

（3）"版面布局"选项卡包含了电影画面的位置及移动等方面的属性，如图 6-45 所示。与显示图标的"选择位置"选项组相同，这里不再赘述。

图 6-45

6.4　电影与文字同步

Authorware 提供了将"声音"图标、"数字电影"图标与"显示"、"计算"和"移动"等图标同步的功能。这些图标可以作为"声音"图标或"数字电影"图标的子图标，通过播放的位置帧或时间来进行同步。下面具体介绍电影与文字同步的方法和技巧。

命令介绍

"数字电影"图标：可以添加视频文件。双击弹出其属性面板，设置电影属性，可在图标右侧添加同步分支。

6.4.1　课堂案例——制作图文并茂的动画

【案例学习目标】学习使用"数字电影"图标和"同步"属性面板设置视频与文字同步。

【案例知识要点】使用"数字电影"图标添加视频；使用"显示"图标建立同步解说文字；使用"同步"属性面板设置视频与文字同步；使用"擦除"图标设置文字与视频的擦除。最终效果如图 6-46 所示。

【效果所在位置】光盘/Ch06/效果/制作图文并茂的动画.a7p。

图 6-46

（1）选择"文件 > 新建 > 文件"命令，新建文档。选择"修改 > 文件 > 属性"命令，弹出"属性：文件"面板，将"大小"选项设置为"根据变量"，并取消勾选"显示菜单栏"复选框，如图 6-47 所示。

图 6-47

（2）将图标工具栏中的"显示"图标拖曳到流程设计窗口中的流程线上，并将其重新命名为"背景图"，如图 6-48 所示。双击"显示"图标，弹出演示窗口。选择"文件 > 导入和导出 > 导入媒体"命令，弹出"导入哪个文件？"对话框，选择光盘中的"Ch06 > 素材 > 制作图文并茂的动画 > 01"文件，单击"导入"按钮，将图片导入到演示窗口中，并根据需要调整演示窗口的大小，效果如图 6-49 所示。关闭演示窗口。

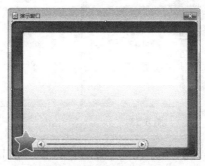

图 6-48　　　　　　　　　　　　　图 6-49

（3）将图标工具栏中的"数字电影"图标拖曳到流程设计窗口的流程线上，并重命名为"视频"，如图 6-50 所示。双击"数字电影"图标，弹出"属性"面板，单击"导入"按钮，弹出"导入哪个文件？"对话框，选择光盘中的"Ch06 > 素材 > 制作图文并茂的动画 > 02"文件，单击"导入"按钮，导入文件，如图 6-51 所示。

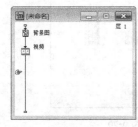

图 6-50　　　　　　　　　　　　　图 6-51

（4）单击常用工具栏中的"运行"按钮 运行程序。按<Ctrl>+<P>组合键，暂停程序。在演示窗口中单击选取视频，按住<Shift>键的同时，调整视频的大小并将其拖曳到适当的位置，如图 6-52 所示。

图 6-52

（5）将图标工具栏中的"显示"图标圈拖曳到流程线上的电影图标的右侧，并重命名为"解说1"，如图 6-53 所示。双击"显示"图标圈，在弹出的演示窗口中输入需要的文字，并设置适当的字体和文字大小，将背景色设置为透明，如图 6-54 所示。

图 6-53

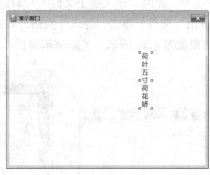

图 6-54

（6）单击"解说1"显示图标上方的符号，弹出"属性"面板，将"同步于"选项设为"秒"，"擦除条件"选项设置为"不擦除"，如图 6-55 所示。

（7）用相同的方法在电影图标的右侧再添加 3 个显示图标，并分别命名为"解说2"、"解说3"和"解说4"，如图 6-56 所示。分别双击"显示"图标圈，在弹出的演示窗口中输入需要的文字，并设置适当的字体和文字大小，将背景色设置为透明。

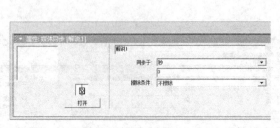

图 6-55

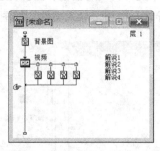

图 6-56

（8）分别单击"解说2"、"解说3"和"解说4"显示图标上方的符号，弹出相应的"属性"面板，将"同步于"选项设为"秒"，在下方的文本框中分别输入"6"、"9"和"15"，并将"擦除条件"选项设置为"不擦除"，如图 6-57 ~ 图 6-59 所示。

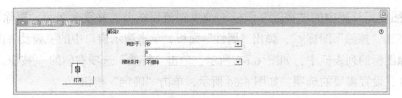

图 6-57

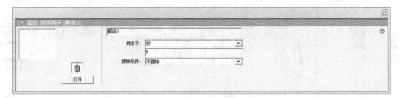

图 6-58

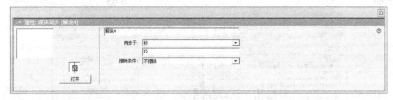

图 6-59

（9）单击常用工具栏中的"运行"按钮 ▶ 运行程序，直到显示所有文字，如图 6-60 所示。按<Ctrl>+<P>组合键，暂停程序。在演示窗口中分别单击文字，并将其拖曳到适当的位置，如图 6-61 所示。

图 6-60　　　　　　　　　　　　　　图 6-61

（10）将图标工具栏中的"等待"图标 ᴴᴬᴵᵀ 拖曳到流程线上，并命名为"等待"，如图 6-62 所示。双击"等待"图标 ᴴᴬᴵᵀ，弹出"属性"面板，将"时限"选项设置为 3，并取消勾选"显示按钮"和"按任意键"复选框，如图 6-63 所示。

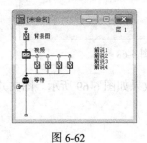

图 6-62　　　　　　　　　　　　　　图 6-63

（11）将图标工具栏中的"擦除"图标🖉拖曳到流程线上，并重命名为"擦除视频"，如图 6-64 所示。双击"擦除"图标🖉，弹出"属性"面板，单击演示窗口中的视频及解说文件，使其添加到被擦除图标的列表框中，如图 6-65 所示。单击"特效"选项右侧的▁▁按钮，弹出"擦除模式"对话框，设置需要的选项，如图 6-66 所示，单击"确定"按钮。

图 6-64

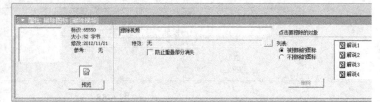

图 6-65

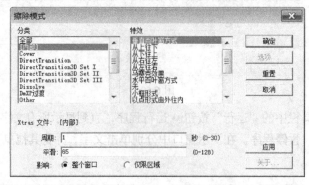

图 6-66

（12）将图标工具栏中的"显示"图标🖾拖曳到流程线上，并重命名为"说明"，如图 6-67 所示。双击"显示"图标🖾，在弹出的演示窗口中输入需要的文字，并设置适当的字体和文字大小，将背景色设置为透明，如图 6-68 所示。

图 6-67

THE END

图 6-68

（13）单击常用工具栏中的"运行"按钮 ▶ 运行程序，效果如图 6-69 所示。图文并茂的动画制作完成，最终显示效果如图 6-70 所示。

图 6-69

图 6-70

6.4.2 同步电影与文字

继续 6.3.2 小节的操作。在"属性"面板中,将"计时"选项卡中的"执行方式"选项设置为"同时",播放次数设置为"1",并取消对播放速率的设置,如图 6-71 所示。

图 6-71

将图标工具栏中的"显示"图标⬜拖曳到流程线上的电影图标的右侧,该显示图标成为电影图标的子图标,同时自动建立一个同步分支,如图 6-72 所示。重新命名子图标为"解说 1",双击显示图标⬜,并在弹出的"演示窗口"中输入需要的文字。

单击子图标上方的-ᆼ 符号,弹出"属性"面板,如图 6-73 所示。"同步于"选项用于设置同步方式,包括位置和秒。"位置"选项以电影的帧位置来控制。"秒"选项以电影的播放时间来控制。"擦除条件"选项选择分支内容的擦除方式。

图 6-72

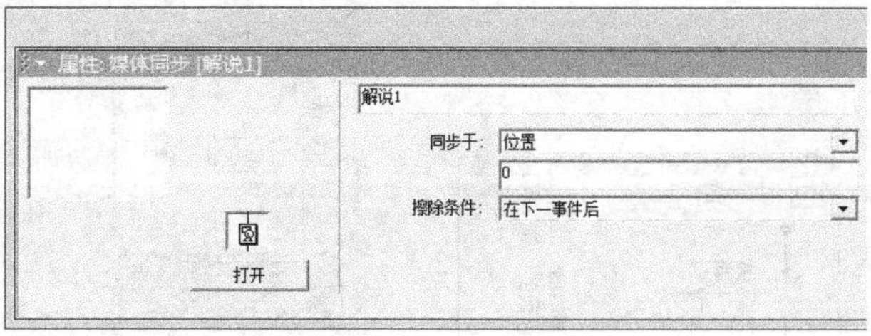

图 6-73

设置从"50"帧开始显示子图标"解说 1"的内容,并且不擦除子图标的内容,如图 6-74 所示。

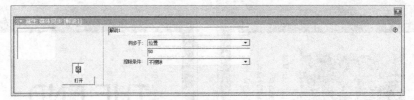

图 6-74

再用显示图标▣为电影图标添加 2 个同步分支，为各个显示图标命名，输入内容文字，并分别设置同步位置为"100"和"150"，如图 6-75 所示。

单击常用工具栏中的"运行"按钮 ▶ 运行程序，当电影播放到不同分支的时候会出现不同的内容，从而实现电影与文字的同步，如图 6-76 所示。

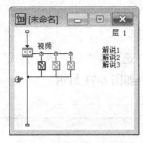

图 6-75

图 6-76

提示 当第一个分支属性设置好后，新建的分支能自动继承前面分支的属性设置。

6.5 电影画面的擦除

Authorware 中电影图标的内容会始终处于程序展示窗口的最顶层，无法将文字内容显示在电影画面之上，只有将电影画面擦除后才能显示文字内容。下面具体介绍电影画面擦除的方法和技巧。

继续 6.4.2 小节的操作。将图标工具栏中的"显示"图标▣拖曳到流程线上的电影图标的下方，并重新命名为"说明"，如图 6-77 所示。双击显示图标▣，在弹出的"演示窗口"中输入文字"THE END"，并在"属性"面板中将"层"选项设置为 8，如图 6-78 所示。

图 6-77

图 6-78

单击常用工具栏中的"运行"按钮 运行程序，"THE END"的提示信息无法显示。即使勾选"直接写屏"复选框，提示信息仍然无法显示。

将图标工具栏中的"擦除"图标 拖曳到流程线上的显示图标"说明"的前面，并重新命名为"擦除视频"，如图 6-79 所示。双击"擦除"图标 ，弹出"属性"面板，在"演示窗口"中单击电影图标的内容及其同步分支的提示信息，使其显示图标被添加到"擦除"属性面板的图标窗口中，如图 6-80 所示。

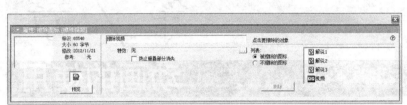

图 6-79

图 6-80

单击"运行"按钮 运行程序，电影播放完后会执行到擦除图标，并且暂停等待选择擦除对象，然后显示出"THE END"的文字内容。

6.6　课后习题——制作个人网站

【习题知识要点】使用"导入"命令导入背景和照片；使用"声音"图标属性面板添加音效；使用"擦除"命令擦除照片。最终效果如图 6-81 所示。

【效果所在位置】光盘/Ch06/效果/制作个人网站.a7p。

图 6-81

第7章
动画的使用

本章主要介绍 Authorware 中 GIF、Flash、QuickTime 等格式动画的使用。通过本章的学习，读者可以掌握这些动画的基本概念和属性，学习在程序中应用这些动画的方法，为在 Authorware 中制作出数据量小、易制作、易传输和可交互的动画奠定基础。

课堂学习目标

- 使用 GIF 动画
- 使用 Flash 动画
- 使用 QuickTime 动画
- 为电影添加字幕

7.1　使用 GIF 动画

Authorware 可以将 GIF 动画引入到程序中，也可以将动画作为外部文件进行链接，并对播放速率、模式等属性进行设置。下面，具体介绍使用 GIF 动画的方法和技巧。

7.1.1　GIF 动画的属性

选择"文件 > 新建 > 文件"命令，新建文档，如图 7-1 所示。选择"插入 > 媒体 >Animated GIF"命令，弹出"Animated GIF Asset Properties"对话框，如图 7-2 所示，此对话框为 GIF 动画插件属性对话框。

图 7-1

图 7-2

对话框左侧显示被引入文件的信息，如帧数、大小等。右侧是几个按钮，单击需要的按钮可以从本机或网上查找需要的 GIF 文件。中部是对当前 GIF 动画插件的属性设置，各选项的介绍如下。

"Import"选项：显示当前引入的 GIF 动画文件，包括路径和名称。

"Media"选项：当前媒体（GIF 动画）如何存储。勾选"Linked"复选框，以外部文件的形式进行链接。取消勾选此项，则直接将媒体嵌入程序内部。

"Playback"选项：显示模式。勾选"Direct to Screen"复选框，动画显示在所有层次前面。取消勾选此项，则可在任何层次显示。

"Tempo"选项：播放模式。包括 3 个选项："Normal"模式是以 GIF 动画的原始速率播放动画，"Fixed"模式是按照设置的速率来播放动画，"Lock-step"模式是按照 Authorware 作品的整体速率来播放动画。

7.1.2　引用 GIF 动画

选择"文件 > 新建 > 文件"命令，新建文档。选择"插入 > 媒体 >Animated GIF"命令，弹出"Animated GIF Asset Properties"对话框，单击"Browse"按钮，弹出"Open animated GIF file"对话框，如图 7-3 所示。选择"01.gif"文件，单击"打开"按钮，文件引入"Animated GIF Asset Properties"对话框中，如图 7-4 所示。

图 7-3

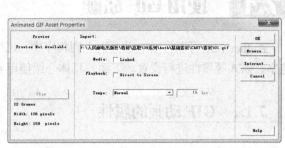

图 7-4

由于读者在学习时存放文件的位置可能与作者不同，因此文件路径的显示可能也不同。

单击"OK"按钮，流程设计窗口中的流程线上出现 GIF 动画图标，如图 7-5 所示。单击常用工具栏中的"运行"按钮 ▶ 运行程序，动态的 GIF 动画出现在屏幕上，如图 7-6 所示。

图 7-5

图 7-6

GIF 类型的图标往往被称为"Sprite Icon"（精灵图标），它们就像一群可爱的小精灵，使我们可以在程序中调用 GIF、Flash 动画，以及各种 ActiveX 控件，有效地增强了 Authorware 的功能。

单击"暂停"按钮 ⏸，可以暂停程序。在"演示窗口"中调整动画的大小和位置，如图 7-7 所示。在流程设计窗口中的流程线上选择 GIF 图标，并重新命名为"马"，如图 7-8 所示。

图 7-7

图 7-8

双击 GIF 动画图标，弹出"属性"面板，如图 7-9 所示。包括"功能"、"显示"和"版面布局" 3 个选项卡，其中后面的两个选项卡的功能和其他图标相同，故这里不再赘述。"功能"选项卡显示的是支持 GIF 动画的系统文件。单击"打开"按钮，可打开"Animated GIF Asset Properties"对话框，重新选择 GIF 动画。

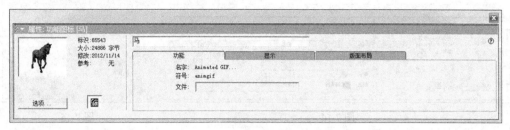

图 7-9

为了说明 GIF 动画可以透明显示，可以在动画下方添加一个背景。将图标工具栏中的"显示"图标拖曳到流程线的最上方，并将其重新命名为"背景"，如图 7-10 所示。双击"显示"图标，弹出演示窗口，按<Ctrl>+<Shift>+<R>组合键，弹出"导入哪个文件？"对话框，选取需要导入的文件，单击"导入"按钮，导入文件，效果如图 7-11 所示。

图 7-10　　　　　　　　　　　　　　　图 7-11

用以上导入"马"动画的方法再导入一张 GIF 动画，并将其重新命名为"蝴蝶"，如图 7-12 所示。单击常用工具栏中的"运行"按钮 运行程序，GIF 动画画面是不透明的，如图 7-13 所示。

图 7-12　　　　　　　　　　　　　　　图 7-13

停止运行程序。在流程线上双击"马"的 GIF 动画图标，弹出"属性"面板，单击"显示"选项卡，将"模式"选项设置为"透明"，如图 7-14 所示。

用相同的方法将 GIF 动画图标"蝴蝶"的"模式"选项也设置为"透明"。重新运行程序，GIF 动画的背景变为透明，程序的背景显现出来，如图 7-15 所示。

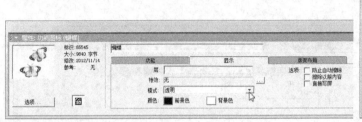

图 7-14   图 7-15

7.2　使用 Flash 动画

Flash 动画数据量小、图像质量高，可以实现无限放大而不会降低图像质量，同时还可以交互动画。Authorware 对 Flash 动画提供了很好的支持。下面具体介绍使用 Flash 动画的方法和技巧。

命令介绍

"功能属性"面板：可以设置插入的动画的透明和特效等属性。

7.2.1　课堂案例——制作网站动画

【案例学习目标】使用"插入"命令插入动画，使用属性面板制作背景透明。

【案例知识要点】使用"导入"命令导入背景图片；使用"插入"命令插入 GIF 和 Flash 动画；使用功能属性面板设置动画背景为透明。最终效果如图 7-16 所示。

【效果所在位置】光盘/Ch07/效果/制作网站动画.a7p。

图 7-16

（1）选择"文件 > 新建 > 文件"命令，新建文档。选择"修改 > 文件 > 属性"命令，弹出"属性"面板，将"大小"选项设置为"根据变量"，并取消勾选"显示菜单栏"复选框，如图 7-17 所示。

图 7-17

（2）将图标工具栏中的"显示"图标 拖曳到流程设计窗口中的流程线上，并将其重新命名为"背景"，如图 7-18 所示。双击"显示"图标 ，弹出演示窗口。选择"文件 > 导入和导出 > 导入媒体"命令，弹出"导入哪个文件？"对话框，选择光盘中的"Ch07 > 素材 > 制作网站动画 > 01"文件，单击"导入"按钮，将图片导入到演示窗口中，并调整窗口的大小，效果如图 7-19 所示。关闭演示窗口。

图 7-18

图 7-19

（3）选取流程设计窗口。选择"插入 > 媒体 > Flash Movie"命令，弹出"Flash Asset Properties"对话框。单击"Browse"按钮，弹出"Open Shockwave Flash Movie"对话框，选择光盘中的"Ch07 > 素材 > 制作网站动画 > 02"文件，单击"打开"按钮，将文件名引入"Flash Asset Properties"对话框中，勾选"Preload"复选框，如图 7-20 所示，单击"OK"按钮。在流程设计窗口中的流程线上出现 Flash 动画图标，并将其重命名为"网站主体"，如图 7-21 所示。

图 7-20

图 7-21

（4）单击常用工具栏中的"运行"按钮 运行程序，Flash 动画出现在屏幕上，如图 7-22 所示。按<Ctrl>+<P>组合键，暂停程序。在演示窗口中单击选取图片，按住<Shift>键的同时，调整动画的大小，并将其拖曳到适当的位置，效果如图 7-23 所示。

图 7-22   图 7-23

（5）双击"网站主体"的图标，弹出"属性：功能图标"面板，单击"显示"选项卡，并将"模式"选项设置为"透明"，如图 7-24 所示。个人网站制作完成，单击常用工具栏中的"运行"按钮 ▣ 运行程序，效果如图 7-25 所示。

图 7-24

图 7-25

（6）选取流程设计窗口。选择"插入 > 媒体 > Animated GIF"命令，弹出"Animated GIF Asset Properties"对话框。单击"Browse"按钮，弹出"Open animated GIF file"对话框，选择光盘中的"Ch07 > 素材 > 制作网站动画 > 03"文件，单击"打开"按钮，将文件名引入"Animated GIF Asset Properties"对话框中，如图 7-26 所示。单击"OK"按钮，引入 GIF 文件。在流程设计窗口中的流程线上出现 GIF 动画图标，并将其重命名为"楼房"，如图 7-27 所示。

图 7-26   图 7-27

（7）单击常用工具栏中的"运行"按钮 ▶ 运行程序，如图 7-28 所示。按<Ctrl>+<P>组合键，暂停程序，在演示窗口中单击选取图片，并将其拖曳到适当的位置，效果如图 7-29 所示。

图 7-28   图 7-29

（8）双击 GIF 动画"楼房"的图标，弹出"属性：功能图标"面板，单击"显示"选项卡，将"模式"选项设置为"透明"，如图 7-30 所示。单击常用工具栏中的"运行"按钮 ▶ 运行程序，如图 7-31 所示。网站动画制作完成。

图 7-30

图 7-31

111

7.2.2 Flash 动画的属性

选择"文件 > 新建 > 文件"命令，新建文档。选择"插入 > 媒体 > Flash Movie"命令，如图 7-32 所示。弹出"Flash Asset Properties"对话框，如图 7-33 所示，此对话框为 Flash 动画插件属性对话框。

图 7-32

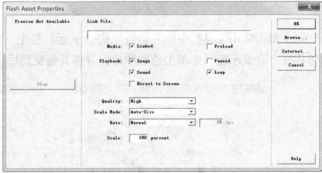

图 7-33

对话框中各选项的功能如下。

"Link File"选项：引用的 Flash 动画的文件名及路径。

"Media"选项：动画文件的存储方式。勾选"Linked"复选框，把动画文件以外部文件的方式保存，使程序数据量较小，但在发布作品时必须将动画文件以单独的文件随作品一起发布。勾选"Preload"复选框，是将动画嵌入到程序中，使动画的调用速度比较快。通常勾选"Preload"复选框。

"Playback"选项：动画的播放属性。包含 5 个选项："Image"是指动画图像是否立即显示，"Paused"是指动画是否在开始帧暂停，"Sound"是指播放动画时是否播放伴音，"Loop"是指动画是否循环播放，"Direct to Screen"是指动画是否直接显示在屏幕最前面。

"Quality"选项：动画播放质量，决定在着色时是否使用抗锯齿功能。抗锯齿功能可以产生高质量的着色效果，但是会降低播放速度。包含 4 个选项："Auto-High"是指 Authorware 首先使用抗锯齿功能来渲染动画，若动画播放速度达不到指定速率，Authorware 就会关闭抗锯齿功能；"Auto-Low"是指 Authorware 先不用抗锯齿功能，但当 Flash 播放器检测到计算机的处理能力可以胜任抗锯齿功能时，就打开抗锯齿功能；"High"是指动画始终使用抗锯齿功能进行渲染；"Low"是指动画始终不使用抗锯齿功能进行渲染。

"Scale Mode"选项：动画缩放模式，设置 Flash 动画图标缩放模式。包含 5 种模式："Show All"是指在缩放时保持 Flash 动画的比例，在水平或垂直方向的空白处填充背景色；"No Border"是指在缩放时保持 Flash 动画的比例，若有必要，可以在水平或垂直方向进行裁切；"Exact Fit"是指不考虑 Flash 动画的原始比例，只是拉伸动画使之适当适应图标显示尺寸；"Auto-Size"不考虑动画的原始比例，可以任意调整动画大小；"No Scale"是指动画保持其原始大小，尺寸不可调整。

"Rate"选项：动画播放速度，同前面讲过的 GIF 动画属性相同。

"Scale"选项：动画缩放比例，定义引入动画的显示大小。

7.2.3 引用 Flash 动画

选择"文件 > 新建 > 文件"命令，新建文档。选择"插入 > 媒体 > Flash Movie"命令，弹出"Flash Asset Properties"对话框，单击"Browse"按钮，弹出"Open Shockwave Flash Movie"对话框，如图 7-34 所示。选择"04.swf"文件，单击"打开"按钮，将文件名导入"Flash Asset Properties"对话框中，勾选对话框中的"Preload"复选框，将动画嵌入到程序中，单击"OK"按钮，如图 7-35 所示。

图 7-34

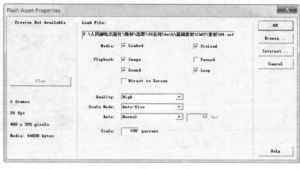
图 7-35

在流程设计窗口中的流程线上出现 Flash 动画图标，如图 7-36 所示。单击常用工具栏中的"运行"按钮 ，运行程序，动态的 Flash 动画出现在屏幕上，如图 7-37 所示。

图 7-36

图 7-37

单击"暂停"按钮 ，暂停程序。在演示窗口中调整动画的位置，如图 7-38 所示。在流程设计窗口中的流程线上选择 Flash 图标，并重新命名为"表"，如图 7-39 所示。

图 7-38

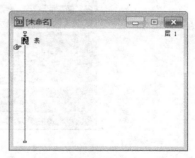
图 7-39

7.2.4　Flash 动画的透明和缩放

为了说明 Flash 动画可以透明显示，在动画下方添加一个背景。将图标工具栏中的"显示"图标拖曳到流程线的最上方，并将其重新命名为"背景"，如图 7-40 所示。双击"显示"图标，弹出演示窗口，按<Ctrl>+<Shift>+<R>组合键，弹出"导入哪个文件？"对话框，选取需要的文件，单击"导入"按钮，导入文件，效果如图 7-41 所示。

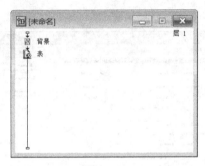
图 7-40

图 7-41

单击常用工具栏中的"运行"按钮运行程序，Flash 动画画面是不透明的，如图 7-42 所示。停止运行程序。在流程线上双击"表"的 Flash 动画图标，弹出"属性：功能图标"面板，并将"模式"选项设置为"透明"，如图 7-43 所示。

图 7-42

图 7-43

重新运行程序，Flash 动画的背景变为透明，程序的背景显现出来，如图 7-44 所示。

图 7-44

单击 "暂停" 按钮 ■，暂停程序。调整 Flash 动画画面的大小，然后重新运行程序，如图 7-45 所示。

放大

缩小

图 7-45

7.3 使用 QuickTime 动画

QuickTime 支持多种类型的文件，如数字视频、动画、声音和位图序列等，在视频领域得到广泛应用。Authorware 也提供了对 QuickTime 动画的支持，下面具体介绍使用 QuickTime 动画的方法和技巧。

提示 在使用 QuickTime 动画之前，必须在计算机中预先安装 QuickTime 软件，因为 Authorware 需要调用其驱动程序。

选择 "文件 > 新建 > 文件" 命令，新建文档。选择 "插入 > 媒体 > QuickTime" 命令，如图 7-46 所示。弹出 "QuickTime Xtra Properties" 对话框，如图 7-47 所示，此对话框为 QuickTime 动画插件属性对话框。

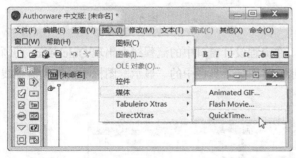
图 7-46

图 7-47

对话框中各选项的功能如下。

"Playback" 选项：控制 QuickTime 动画播放状态的一些选项，其中 "Video"、"Sound"、"Loop" 和 "Paused" 选项分别控制动画是否可见、是否有声音、是否循环和是否暂停等属性。

"Framing" 选项：定义动画画面是按照显示边框裁剪（Crop）还是自动缩放（Scale），基准位置是在中心（Center）还是在左上角。

115

"Options" 选项：定义动画画面是否直接出现（Direct To Screen），是否显示动画控制条（Show Controller）。

"Video" 选项：定义动画播放是与声音同步（Sync to Soundtrack）还是播放每一帧但没有声音（Play Every Frame No Sound）。

"Rate" 选项：动画播放速率。当 "Video" 选项选择 "Sync to Soundtrack" 时，Rate 只能选择 "Normal"（以正常速度播放）。当 "Video" 选项选择 "Play Every Frame（No Sound）" 时，可以选择使用最大播放速度（Maximum）或指定播放速度（Fixed）。

"Enable Preload" 选项：是否提前载入动画。

7.4　为电影添加字幕

使用 Authorware 的电影图标引入的电影视频是处于程序展示窗口的最前面，因此为电影添加一些说明或字幕是非常困难的，但是利用 QuickTime 插件便可以做到。下面具体介绍为电影添加字幕的方法和技巧。

选择 "文件 > 新建 > 文件" 命令，新建文档。选择 "插入 > 媒体 > QuickTime" 命令，弹出 "QuickTime Xtra Properties" 对话框，单击 "Browse" 按钮，弹出 "Choose a Movie File" 对话框，如图 7-48 所示。选择 "06.MOV" 文件，单击 "打开" 按钮，将文件引入 "QuickTime Xtra Properties" 对话框中，并取消勾选 "Direct To Screen" 复选框，如图 7-49 所示。

图 7-48　　　　　　　　　　　　　　　图 7-49

单击 "OK" 按钮，将动画嵌入到程序中。在流程设计窗口中的流程线上出现 QuickTime 动画图标，并将其命名为 "电影"，如图 7-50 所示。将图标工具栏中的 "显示" 图标圖拖曳到流程线上，并将其命名为 "字幕"，如图 7-51 所示。

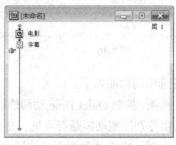

图 7-50　　　　　　　　　　　　　　　图 7-51

双击"显示"图标圆，弹出演示窗口。选择工具箱中的"文本"工具 **A**，在演示窗口中输入需要的文字，设置适当的字体和文字大小，填充文字并设置背景色为透明，效果如图 7-52 所示。单击常用工具栏中的"运行"按钮 ▶️，运行程序，可以看到，在动态的视频画面上出现了添加的字幕标题，如图 7-53 所示。

图 7-52

图 7-53

7.5　课后习题——制作栏目片头

　　【习题知识要点】使用"插入"命令插入 QuickTime 动画；使用"显示"图标和文本工具输入文字；使用"移动"图标制作文字的运动路径。最终效果如图 7-54 所示。

　　【效果所在位置】光盘/Ch07/效果/制作栏目片头.a7p。

图 7-54

第8章

变量和函数的使用

本章主要介绍 Authorware 中变量与函数的使用方法。通过本章的学习，读者可以掌握利用变量与函数对程序进行有效控制的方法。快速地掌握变量与函数的使用方法，有助于读者进行更高级、更复杂的多媒体程序设计。

课堂学习目标

- 认识"计算"图标
- 变量和函数
- 系统函数和系统变量
- 外部函数的载入和使用
- 信息对话框

8.1　认识"计算"图标

"计算"图标是 Authorware 中函数和变量的基本载体。"计算"图标是计算窗口在流程线上的标识。计算窗口是编辑程序的窗口，可以实现语法指示、自动缩排等功能。

选择"文件 > 新建 > 文件"命令，新建文档。将图标工具栏中的"计算"图标 [=] 拖曳到流程设计窗口中的流程线上，并将其重新命名为"演示"，如图 8-1 所示。

图 8-1

用鼠标双击"计算"图标 [=]，弹出计算窗口，如图 8-2 所示。计算窗口是 Authorware 编程的载体，用户可以在其中输入注释、变量、函数或表达式。

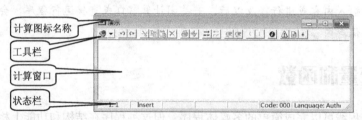

图 8-2

利用工具栏可以更简单的对计算内容进行编辑，能够提供 10 步操作的撤销、恢复，实施复制、粘贴、打印、注释等常用操作，以及检测括号是否匹配等基本程序语法。

"语言"按钮 ：Authorware 支持两种编程脚本，一种是 Authorware 自身的编程脚本，另一种是标准的 JavaScript 脚本语言。两种脚本语言都能够实现一定的程序功能，但不能混用。

"撤销"按钮 ：用于撤销上一步进行的编辑操作。

"恢复"按钮 ：用于恢复最近一步撤销的编辑操作。

"剪切"按钮 ：用于将选取内容复制到系统剪贴板上，同时从计算窗口删除该内容。

"复制"按钮 ：用于将选取内容复制到系统剪贴板上。

"粘贴"按钮 ：用于将系统剪贴板上的内容粘贴到计算窗口中。

"清除"按钮 ：用于清除选取的内容。

"打印"按钮 ：用于打印计算窗口中的内容。

"查找"按钮 ：用于在计算窗口中查找某项内容。

"注释"按钮 和"撤销注释"按钮 ：用于定义或撤销选定行为注释语句。

"缩进"按钮 和"撤销缩进"按钮 ：用于定义或撤销选定行缩排一个制表位。

"查找左括号"按钮 和"查找右括号"按钮 ：用于查找一行中相互匹配的表达式的左右括号。

"参数设置"按钮 ❷：用于对计算窗口的参数进行设置。

"提示"按钮 ⚠：用于直接插入信息对话框。

"语句"按钮 ▤：用于在窗口中插入一个条件语句或循环语句。

"符号"按钮 ℓ：用于在表达式中插入符号。

计算窗口的状态栏用于显示计算窗口当前编辑的情况，如图 8-3 所示。

| 1:9 | Insert | Modified | (|] | Code: 000 | Language: Auth |

图 8-3

第 1 格：表示当前光标所在的行和列。

第 2 格：表示当前编辑状态是插入还是改写。按<Insert>键切换。

第 3 格：表示当前计算窗口中的内容是否进行过修改，是则显示 Modified，否则为空。

第 4 格：表示光标所在行有几个未匹配的圆括号。

第 5 格：表示光标所在行有几个未匹配的方括号。

第 6 格：表示光标所在位置后面的字符的 ASCII 值。

第 7 格：表示当前所使用的语言是 Authorware 自身的编程语言。

技巧　计算图标中的引号必须为英文状态下的引号。

在计算窗口中输入内容或进行修改以后，若关闭计算窗口或直接运行程序，会弹出一个询问对话框，询问是否保存内容。

8.2　变量和函数

利用图标和流程线可以完成简单的多媒体程序，但这种程序在结构和功能上相对简单。如要进行显示系统时间或为程序添加背景音乐等操作仅靠图标的组合是很难实现的，这就需要利用 Authorware 的变量和函数对程序进行更加有效的控制。

8.2.1　变量

Authorware 本身提供的变量形式有两种：系统变量和用户自定义变量。这些变量可以在"变量"对话框中找到。

1. 系统变量

系统变量是 Authorware 预先定义的一套变量，它们有固定的符号和特性，主要用于跟踪信息，如文件存储位置及状态、判定分支结构正在执行的分支、"显示"图标中对象移动的位置等。Authorware 根据用户的操作或者程序的执行，自动更新系统变量。

Authorware 提供了 11 种类型的系统变量：CMI（计算机管理教学）、File（文件管理）、Framework（框架管理）、General（一般）、Graphics（绘图）、Icons（图标管理）、Interaction（交互管理）、Network（网络管理）、Time（时间管理）、Video（视频管理）和 Decision（决策判断）。系统变量都有唯一的变量名，并且以大写字母开头，由一个或多个字符组成，字符之间没有空格。

2. 自定义变量

自定义变量是由用户自己定义的变量。Authorware 提供了强大的系统变量，可以自动记录和提供很多信息，但在程序的开发中往往需要自己定义变量，记录特定的信息。

定义自定义变量包括两方面的内容：一是对其进行初始化；二是输入一个简短的描述。创建自定义变量就要给变量命名，命名时须注意以下几点。

（1）变量名必须是唯一的，不能与系统变量重名。

（2）变量名必须以字母或下划线开头，可以包含任何英文字母、数字、下划线和空格等。

（3）变量名中允许有空格，但空格不能忽略，如"Page1"和"Page 1"不是同一个变量。

（4）自定义变量名的长度限制在 40 个字符以内。

给自定义变量赋值时，要用赋值号":="，如"Age:=32"。如果是在"计算"图标中给变量赋值，则可以不输入":"，系统会自动添加。自定义变量可以在程序开始时在"变量"对话框中定义，也可以在程序设计过程中根据情况在"计算"图标中定义。

3. 变量的数据类型

变量的数据类型可以分为 7 种：数值型、字符型、逻辑型、符号型、列表型、坐标型和矩形坐标。

8.2.2　函数

函数用于完成特定的任务。Authorware 本身提供了大量的系统函数，可以实现对变量进行处理、对程序流程进行控制或者对文件进行操作等功能，而且 Authorware 还支持从外部动态链接库中加载函数来完善和扩充自身的功能。

1. 函数类型

在 Authorware 中存在两种类型的函数：系统函数和外部函数。系统函数是 Authorware 中预定义的函数，根据不同的用途可分为 17 种类型。

外部函数是对系统函数的有益补充，但在使用前必须从外部动态链接库加载到 Authorware 中。目前存在大量的由开发商开发的外部函数，用户还可根据自身需要创建自己的外部函数。系统函数和外部函数的不同之处就是它们的来源，外部函数一旦加载到 Authorware 中，其使用方法就与系统函数完全相同。

2. 函数的语法

要想正确使用函数，必须遵循特定的语法，其中最重要的是按照正确的方法使用参数。参数是交由函数进行处理的数据（变量或常量），或者为函数的正常运行提供必需的信息。绝大部分函数都要使用参数，在使用参数时应注意以下两点内容。

（1）根据需要为参数加上双引号。

要分清字符串和字符变量的用法，如果一个函数（比如字符数量统计函数 CharCount()）需要一个字符串作为参数，而此时字符型变量 String 的值是一个由 3 个字符构成的字符串"ABC"，则 CharCount(string)对变量 string 进行处理，CharCount("ABC")和 CharCount(string)返回同样的数值 3，而 CharCount("string")将对字符串"string"进行处理，其返回值为 6。

（2）使用正确数目的参数。

在使用函数时，必须提供正确数目的参数，多个参数之间使用逗号进行分隔。如绘制矩形的函数 Box（*pensize,x1,y1,x2,y2*），在使用时必须为其提供线宽 *pensize*、矩形左上角坐标（1，1）及矩形右下角坐标（2，2），缺少某个参数或者使用了过多的参数将导致语法错误。

某些函数的参数数量是可变的，在函数的语法说明中，包括在方括号 "[ ]" 之间的参数为可选参数，其他的则为必选参数，可选参数根据实际情况可以省略。如函数 Capitalize("string"[,1])，其第 1 个参数为必选参数，第 2 个参数则为可选参数。如果函数语法中包括多个可选参数，则必须依照从右到左的顺序省略可选参数，不能以间隔方式省略。

绝大部分系统函数都具有返回值，但是也有个别函数不返回任何值。如 Beep()函数只是实现响铃，Quit()函数用于退出程序，两者都不返回任何值。

8.2.3　运算符

Authorware 的运算符有多种类型，如表 8-1 所示。

表 8-1

运算符类型	运 算 符 号	含 义
数值运算符	+、-、*、/、**	加、减、乘、除、乘方
逻辑运算符	~、&、|	否、与、或
关系运算符	=、<>、>、<	等于、不等于、大于、小于
	>=、<=	大于等于、小于等于
其他运算符	:=、^	赋值运算符、连接运算符

根据运算符的类型，表达式也可以分为算术表达式、赋值表达式、字符表达式、关系表达式、逻辑表达式等几种类型。

Authorware 在执行一个含有多个运算符的表达式时，将根据运算符的优先级决定运算进行的顺序：先执行优先级高的运算，再执行优先级低的运算。另外，使用括号也可以改变运算进行的顺序：处于括号中的运算优先进行，嵌套在最内层括号中的运算最先进行。

从编程的角度来看，Authorware 对变量类型的要求不是十分严格，往往会根据运算符来自动转换变量的类型。如将字符串与数值型变量进行数学运算时，系统自动将单纯由数字和小数点组成的字符串当作数值型变量，将其他类型的字符串当作数值 0 来处理。

8.2.4　程序语句

程序语句是由一个或多个表达式构成的 Authorware 指令，能实现一个完整的功能。除了常用的赋值语句外，Authorware 中还有一些非常重要的控制语句：条件语句和循环语句。条件语句用于使程序根据不同的条件执行不同的操作；循环语句用于重复执行某些操作。

1. 条件语句

条件语句的基本格式为：

If　条件 1　then

操作 1

else

操作 2

end if

在执行条件语句时,首先检查"条件 1",当"条件 1"成立(其值为 True)时,就执行"操作 1",否则执行"操作 2"。

条件语句可以嵌套,以便对更复杂的情况进行判断。

2. 循环语句

循环语句共有以下 3 种类型。

(1)Repeat with。

Repeat with 类型用于将同样的操作执行指定次数。其使用格式为:

Repeat with var = start [down] to end

操作

end repeat

执行次数由起始值和结束值限定,变量用于跟踪当前循环执行了多少次。

(2)Repeat with in。

Repeat with in 类型与 Repeat with 类型相似,也是用于执行指定次数的操作,但是次数由一个列表控制,循环进行的次数就是列表中元素的个数。其使用格式为:

Repeat with var in list

操作

end repeat

(3)Repeat while。

Repeat while 类型用于在某个条件成立的情况下重复执行指定操作,直到该条件不再成立为止。其使用格式为:

Repeat while 条件

操作

end repeat

> **提示**
>
> 使用这种类型的循环语句时,要注意防止出现条件永远成立的情况,这时该循环语句就形成一个死循环,程序一直在循环内部执行下去,永远不会结束。
>
> 如果程序执行时进入了一个死循环,可以按<Ctrl>+<Break>组合键中断死循环的运行并对程序进行修改,但是程序一旦打包之后,就无法采用该方法中断死循环的运行。

在以上 3 种循环语句内的任何地方都可以使用 next repeat 和 exit repeat 语句。next repeat 语句用于提前结束本次循环,直接进入下一个循环;exit repeat 语句用于直接退出当前循环语句。

8.2.5 定义并显示变量

变量一般是在计算窗口中定义和赋值,在"显示"图标中显示。

选择"文件 > 新建 > 文件"命令,新建文档,添加显示图标并导入背景图片。将图标工具栏中的"计算"图标☰拖曳到流程线上,并将其命名为"介绍",如图 8-4 所示。用鼠标双击"计算"图标,在弹出的计算窗口中输入内容,如图 8-5 所示。

单击计算窗口右上方的"关闭"按钮 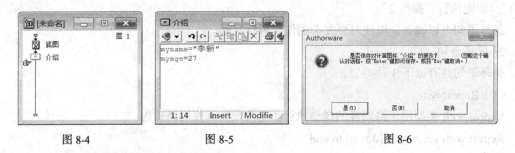，关闭计算窗口。这时会弹出一个提示对话框，如图 8-6 所示。

图 8-4　　　　　　图 8-5　　　　　　图 8-6

单击"是"按钮，弹出"新建变量"对话框，如图 8-7 所示。

图 8-7

"名字"选项：用于显示新变量的名称。
"初始值"选项：用于定义新变量的初始值。
"描述"列表框：用于输入对新变量的描述。

提示　若变量已经在其他某处定义过了，则再次使用该变量就不会出现"新建变量"对话框。

在"初始值"选项的文本框中输入变量的初始值，在"描述"列表框中输入对于变量作用的简单描述，如图 8-8 所示。单击"确定"按钮，将弹出另一个"新建变量"对话框，设置选项后如图 8-9 所示。这样就完成了变量的定义，即可在程序中使用了。如果在"新建变量"对话框不设置任何的数值也是可以的，系统会自动以数值"0"作为初始值。定义完成后，计算窗口会自动关闭。这时用鼠标双击"计算"图标，再次打开计算窗口，会发现发生了一些变化，如图 8-10 所示，这是因为标准的赋值运算符是":="，Authorware 能够自动将"="转换为":="。

图 8-8　　　　　　图 8-9　　　　　　图 8-10

拖曳一个"显示"图标到流程线上，并将其重新命名为"内容"，如图 8-11 所示。用鼠标双击"显示"图标，弹出演示窗口。选择"文本"工具 **A**，在演示窗口中输入文字，如图 8-12 所示。

图 8-11   图 8-12

> **提示**　用户可以对输入的文字设置字体、颜色及大小，但必须用大括号括住变量，才能够显示变量的值，否则"显示"图标会把它作为普通的文字内容来显示。

单击常用工具栏中的"运行"按钮 ▶ 运行程序。此时变量"myname"和"myage"的值显示在屏幕上，如图 8-13 所示。

图 8-13

8.2.6　变量的运算

可以利用算数运算符将变量组成运算表达式。

选择"文件 > 新建 > 文件"命令，新建文档，添加显示图标并导入背景图片。将图标工具栏中的"计算"图标 🟰 拖曳到流程线上，并将其重新命名为"数学题"，如图 8-14 所示。用鼠标双击"计算"图标，在弹出的计算窗口中输入内容，如图 8-15 所示，按数

图 8-14   图 8-15

字键盘上的<Enter>键保存内容。

拖曳一个"显示"图标 到流程线上，并将其命名为"显示数学题"，如图 8-16 所示。用鼠标双击"显示"图标，弹出演示窗口。选择"文本"工具 A ，在演示窗口中输入数学题的变量，如图 8-17 所示。

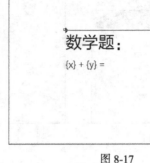

图 8-16图 8-17

拖曳一个"等待"图标 到流程线上，并将其命名为"等待"。再拖曳一个"显示"图标 到流程线上，并将其命名为"显示答案"，如图 8-18 所示。用鼠标双击"显示"图标，弹出演示窗口。选择"文本"工具 A ，在演示窗口中输入答案的变量，如图 8-19 所示。

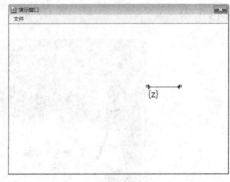

图 8-18图 8-19

单击常用工具栏中的"运行"按钮 运行程序。此时变量"x"和"y"的值显示在屏幕上，如图 8-20 所示。单击屏幕左上方的按钮，将显示出"z"的值，如图 8-21 所示。

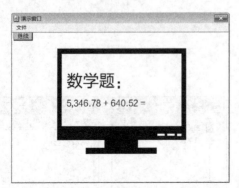

图 8-20图 8-21

8.3　系统函数和系统变量

为了便于设计人员对系统和程序的控制，Authorware 还包含了大量的系统函数和系统变量，在程序设计的过程中经常会用到。系统函数和系统变量记录了系统信息和程序运行状态等，可以通过"变量"和"函数"对话框获得。

命令介绍

系统变量：是系统预先定义的变量，它们有固定的符号和特性，主要用于跟踪信息。

8.3.1　课堂案例——制作电子时钟

【案例学习目标】使用系统变量制作电子时钟效果。

【案例知识要点】使用"显示"图标导入图片并输入文字；使用系统变量设置程序。最终效果如图 8-22 所示。

【效果所在位置】光盘/Ch08/效果/制作电子时钟.a7p。

图 8-22

（1）选择"文件 > 新建 > 文件"命令，新建文档。将图标工具栏中的"显示"图标 拖曳到流程线上，并将其命名为"时钟"，如图 8-23 所示。

（2）选择"修改 > 文件 > 属性"命令，弹出"属性：文件"面板，在"大小"选项的下拉列表中选择"根据变量"，并取消勾选"显示菜单栏"复选框，如图 8-24 所示。

图 8-23

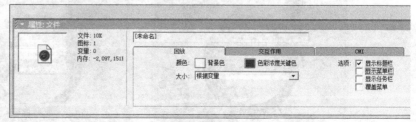

图 8-24

（3）用鼠标双击"显示"图标，弹出演示窗口。选择"文件 > 导入和导出 > 导入媒体"命令，弹出"导入哪个文件？"对话框，选择光盘中的"Ch08 > 素材 > 制作电子时钟 > 01"文件，如图 8-25 所示，单击"导入"按钮，图片被导入到演示窗口中，如图 8-26 所示。

图 8-25　　　　　　　　　　　　　　　　　图 8-26

（4）选择工具箱中的"文本"工具 **A**，在演示窗口中分别输入文字"当前日期:、当前时间:"，并设置适当的字体和文字大小，如图 8-27 所示。选择"选择/移动"工具 ↖，在工具箱的模式选择区单击鼠标，弹出显示模式选择框，选择"透明"模式 ，如图 8-28 所示，去掉白色背景。

图 8-27　　　　　　　　　　　　　　　图 8-28

（5）单击工具箱中的"文本颜色"图标 ，在弹出的颜色面板中选择白色，将文字的颜色修改为白色，效果如图 8-29 所示。再次选择"文本"工具 **A**，单击工具箱中的"文本颜色"图标 ，将文本颜色设置为黑色。在演示窗口中输入系统变量，如图 8-30 所示。

图 8-29　　　　　　　　　　　　　　　图 8-30

"FullTime"是一个系统变量，保存了系统当前时间值，并且在实时变化。利用"显示"图标显示变量时，必须使用大括号"{ }"包围。一旦离开文字编辑状态，"显示"图标将显示变量当前的值。

（6）选中"显示"图标"时钟"，弹出相应的"属性：显示图标"面板，勾选"更新显示变量"复选框，如图 8-31 所示。电子时钟制作完成。

（7）单击常用工具栏中的"运行"按钮 运行程序，屏幕中出现当前系统时间的动态显示，如图 8-32 所示。

图 8-31

图 8-32

8.3.2 系统函数

Authorware 的系统函数可以分为多种类型，应用它们可以实现字符处理、文件操作、获取时间、跳转交互、数学计算等各种功能。

选择"窗口 > 面板 > 函数"命令，弹出"函数"对话框，如图 8-33 所示。单击常用工具栏中的"函数"按钮 也可弹出"函数"对话框。

图 8-33

"载入"按钮：用于载入外部函数。

"改名"按钮：用于修改外部函数的名称。

"卸载"按钮：用于卸载载入的外部函数。

"粘贴"按钮：将选定的函数粘贴到程序中。

当选中了某个函数时，在"描述"列表框中会显示关于该函数的描述以及使用该函数的图标列表。打开一个计算图标，"粘贴"按钮变为可用，单击该按钮，所选函数会被自动粘贴到计算窗口中，这样做可以避免因记忆错误而产生函数输入的错误。

8.3.3 系统变量

Authorware 预先定义了许多系统变量，并且能够自动更新这些变量的值。它们可以用于跟踪程序的执行情况，记录如判定分支流向、框架结构、文件、图片、视频、时间或日期等诸多方面的信息。

选择"窗口 > 面板 > 变量"命令，弹出"变量"对话框，如图 8-34 所示。单击常用工具栏中的"变量"按钮 也可弹出"变量"对话框。

"变量"对话框和"函数"对话框的使用方法基本一致，其中多了"初始值"和"变量"两个选项。Authorware 的系统变量可分为 11 类，每一类都含有处理该类具体对象的大量系统变量。

图 8-34

Authorware 可以自动改变这些系统变量中的存储信息。选择"分类"选项，在弹出的下拉列表中列出了各个类别及其包括的系统变量。在 Authorware 中，每一个系统函数和变量都有唯一的名称，而且不能被自定义函数和变量所使用。

8.4 外部函数的载入和使用

外部函数是指由外部文件提供，但不包含在 Authorware 系统函数中的一些函数。外部函数需要载入到 Authorware 中才可以使用。外部函数可以有效地增强 Authorware 的功能性，实现一些特殊效果。

例如 Authorware 的"声音"图标不能同时播放两个 WAV 文件，而且也不能播放 MIDI 文件。如果程序在播放解说声音的同时还需要同时播放背景音乐，就需要利用外部函数来实现。

提示 Authorware 的安装系统中不包含外部函数，读者可以从互联网中找到。

选择"文件 > 新建 > 文件"命令，新建文档。选择"文件 > 另存为"命令，弹出"保存文件为"对话框，将文件命名为"外部函数的载入"，单击"保存"按钮，将文件保存。

选择"修改 > 文件 > 属性"命令，弹出"属性：文件"面板，在"大小"选项的下拉列表中选择"根据变量"，并取消勾选"显示菜单栏"复选框，如图 8-35 所示。

图 8-35

将图标工具栏中的"显示"图标拖曳到流程设计窗口中的流程线上，并将其命名为"图片"，如图 8-36 所示。用鼠标双击"显示"图标，在弹出的演示窗口中导入一张图片，如图 8-37 所示。拖曳一个"声音"图标到流程线上，并将其命名为"解说"，如图 8-38 所示。

图 8-36

图 8-37

图 8-38

用鼠标双击"声音"图标，弹出"属性：声音图标"面板，在面板中单击"导入"按钮 导入... ，并在弹出的"导入哪个文件？"对话框中选中要导入的解说声音，单击"导入"按钮，将声音文件导入。选择属性面板中的"计时"选项卡，在"执行方式"选项的下拉列表中选择"同时"，如图 8-39 所示。

图 8-39

拖曳一个"计算"图标到流程线上，并将其命名为"背景乐"，如图 8-40 所示。双击"计算"图标，弹出计算窗口。单击常用工具栏中的"函数"按钮，弹出"函数"对话框，并在"分类"选项的下拉列表中选中当前文件的名称"外部函数的导入"，如图 8-41 所示。

图 8-40

图 8-41

单击对话框下方的"载入"按钮 载入... ，并在弹出的"加载函数"对话框中选中要加载的外部函数"A5wmme.u32"，如图 8-42 所示。单击"打开"按钮，弹出"自定义函数在 A5wmme.u32"
对话框，如图 8-43 所示。

图 8-42

图 8-43

提示 "A5wmme.u32"为外部文件，Authorware 本身并不包含这个外部文件，读者需要将这个文件复制到 Authorware 的安装目录下才能调用。

对话框左侧的"名称"列表框中显示的是自定义函数的名称，右侧的"描述"列表框中显示对所选函数的说明文字。

在"A5wmme.u32"中包含了控制动画、CD 唱盘、MIDI 音乐和 WAV 音乐等多个函数。按住<Ctrl>键的同时，选中与 MIDI 音乐有关的函数，如图 8-44 所示。单击"载入"按钮 载入 ，选中的函数被载入到"函数"对话框中，如图 8-45 所示。

图 8-44

图 8-45

 装载的外部函数只适用于当前文件，如果要在其他的文件中使用，必须重新装载。

在"函数"对话框中选中"MIDIPlay"函数，单击"粘贴"按钮 粘贴 ，如图 8-46 所示。将函数粘贴到计算窗口中，如图 8-47 所示。

图 8-46　　　　　　　　　　　　　　　　图 8-47

函数"MIDIPlay(fileName, tempo, wait)"表示播放制定的音乐文件。

"filename"为音乐文件名，包括完整的路径。

"tempo"为播放速率，100 为正常，大于 100 为快速播放，否则会慢放。

"wait"定义是否等待这个文件播放完毕，"True"为等待，相当于"声音"图标属性的"等待直到完成"；"False"为不等待，相当于"声音"图标属性的"同时"。

设置函数的参数，定义以正常的速度播放一个音乐文件，如图 8-48 所示，保存所做的修改。

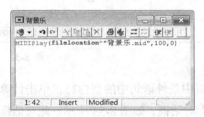

图 8-48

提示　程序中用到的"FileLocation"是一个系统变量，记录了当前程序所在目录。

程序中用到的"背景乐.mid"是音乐文件的名称。

选择"文件 > 保存"命令，将程序保存。将音乐文件"背景乐.mid"和程序文件放在同一目录下。运行程序，在欣赏图片时，就可以同时听见解说和背景乐。

提示　利用"MIDIPlay"函数播放的音乐，如果需要将其关闭，必须应用另外一个外部函数"MIDIStop"来控制，否则即使结束程序运行，音乐也会继续播放直至放完。

8.5　信息对话框

信息对话框是程序设计中经常用到的信息交流方式，可以明确告诉用户必要的信息内容，并由用户控制程序下一步的流向。

选择"文件 > 新建 > 文件"命令，新建文档。将图标工具栏中的"计算"图标 拖曳到流程线上，并将其重新命名为"成绩"，如图 8-49 所示。用鼠标双击"计算"图标，在弹出的计算窗口中输入内容，如图 8-50 所示。

图 8-49   图 8-50

拖曳一个"计算"图标 ▤ 到流程线上，并将其命名为"反馈意见"，如图 8-51 所示。用鼠标双击"计算"图标"反馈意见"，在弹出的计算窗口中输入内容，如图 8-52 所示，判断成绩"score"是否大于等于 90。

图 8-51   图 8-52

将鼠标光标移动到计算窗口中条件语句中的空白行，单击计算窗口中的"插入提示框"按钮 ⚠，弹出"Insert Message Box"对话框，如图 8-53 所示。此对话框可以用于设置信息对话框的样式和内容属性。

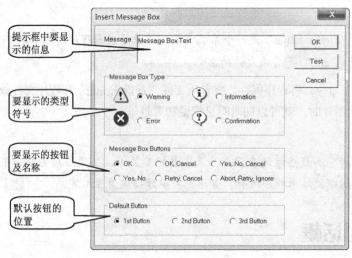

图 8-53

在对话框中设置各个选项，如图 8-54 所示。单击"Test"按钮，预览信息对话框中的效果，如图 8-55 所示。单击"确定"按钮，关闭信息对话框。

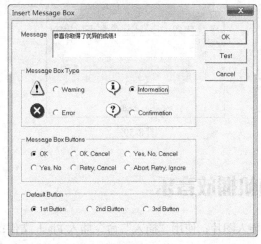

图 8-54

图 8-55

此时，在计算窗口中出现程序的语句，如图 8-56 所示。其中系统函数 "SystemMessageBox" 中的变量 "WindowHandle" 包含了 Authorware 当前演示窗口的句柄。"Information" 表示对话框的标题，可以根据需要修改。"64" 表示对话框的类型，也就是为对话框选择的图标样式，是由属性窗口自动产生的。

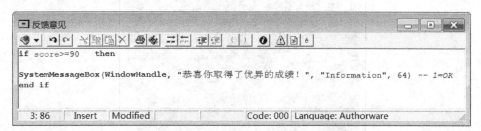

图 8-56

在计算窗口中将 "Information" 修改为 "提示信息"。再添加两个条件语句，对不同的分数给出不同的反馈意见，如图 8-57 所示，按数字键盘上的<Enter>键保存设置。

图 8-57

拖曳一个 "计算" 图标 到流程线上，并将其命名为 "结束"，如图 8-58 所示。用鼠标双击 "计算" 图标，在弹出的计算窗口中输入内容，如图 8-59 所示。

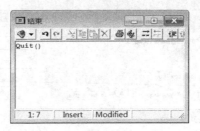

图 8-58   图 8-59

8.6   课后习题——随机播放音乐

【习题知识要点】使用"显示"图标导入图片；使用"插入"命令插入 Flash 文件；使用"声音"图标导入解说声音；使用"计算"图标设置变量，载入外部函数实现解说声音和 MIDI 背景音乐的同时播放；使用"群组"图标设置群组结构；使用"交互"图标设置按钮交互结构。最终效果如图 8-60 所示。

【效果所在位置】光盘/Ch08/效果/随机播放音乐.a7p。

图 8-60

第9章
创建路径动画

本章主要介绍使用"移动"图标引入静态图像、动画和视频等动态画面，创建路径动画的方法。通过本章的学习，读者可以掌握路径动画的运动类型及属性。在程序中灵活运用"移动"图标，制作出灵活多变、充满动感、引人入胜的作品。

课堂学习目标

- 设置简单的路径动画
- 设置运动类型及属性
- 在"移动"图标中使用层
- 利用变量控制路径动画

9.1 设置简单的路径动画

Authorware 可以使用"移动"图标定义多种类型的路径动画。动画对象可以是静态的，也可以是动态的。下面介绍使用移动图标产生动画的方法。

选择"文件 > 新建 > 文件"命令，新建文档。将图标工具栏中的"显示"图标❑拖曳到流程设计窗口中的流程线上，将图标命名为"背景"，用相同的方法再添加显示图标并命名为"纸飞机"。用鼠标分别双击"显示"图标❑，弹出演示窗口，导入需要的文件，效果如图 9-1 所示。

将图标工具栏中的"等待"图标(wait)拖曳到流程线上，并命名为"等待"。再拖曳一个"移动"图标◻到流程线上，并命名为"移动图片"，如图 9-2 所示。

图 9-1   图 9-2

单击常用工具栏中的"运行"按钮 ▷ 运行程序，画面上出现图片"纸飞机"及 继续 按钮，单击该按钮，则程序会暂停，并弹出"属性：移动图标"面板，如图 9-3 所示。

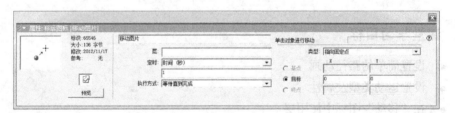

图 9-3

在演示窗口中单击"纸飞机"图片，则图标内容出现在对话框的预览窗口中，如图 9-4 所示。说明图片"纸飞机"是当前选中的运动对象。

图 9-4

在演示窗口中将图片拖曳到适当的位置，定义对象的目的位置，如图 9-5 所示。单击面板中的"预览"按钮，可预览对象的运动情况。

图 9-5

重新运行程序，单击 继续 按钮，图片"纸飞机"就从画面左下方移动到右上方，这就是简单的路径动画。

9.2　设置运动类型及属性

Authorware 不仅可以提供简单的位置移动，还可以提供多种运动方式。如沿着折线或曲线路径运动、停留在某个特定的位置点等。

命令介绍

"移动"工具：可以将图形或图片沿着折线或曲线路径运动，并停留在某个特定的位置。

9.2.1　课堂案例——制作飞舞的蝴蝶

【案例学习目标】使用"移动"图标制作蝴蝶的飞舞效果。

【案例知识要点】使用"导入"命令导入背景和蝴蝶图片；使用"移动"工具和"移动"属性面板制作蝴蝶的飞舞效果。最终效果如图 9-6 所示。

【效果所在位置】光盘/Ch09/效果/制作飞舞的蝴蝶.a7p。

图 9-6

（1）选择"文件 > 新建 > 文件"命令，新建文档。选择"修改 > 文件 > 属性"命令，弹出"属性：文件"面板，将"大小"选项设置为"根据变量"，并取消勾选"显示菜单栏"复选框，如图 9-7 所示。

图 9-7

（2）将图标工具栏中的"显示"图标▣拖曳到流程设计窗口中的流程线上，并将其命名为"背景"，如图 9-8 所示。双击"显示"图标▣，弹出演示窗口。选择"文件 > 导入和导出 > 导入媒体"命令，弹出"导入哪个文件？"对话框，选择光盘中的"Ch09 > 素材 > 制作飞舞的蝴蝶 > 01"文件，单击"导入"按钮，将图片导入到演示窗口中并调整窗口的大小，效果如图 9-9 所示。关闭演示窗口。

图 9-8　　　　　　　　　　　　　　　　　　图 9-9

（3）将图标工具栏中的"显示"图标▣拖曳到流程设计窗口中的流程线上，并将其命名为"蝴蝶 1"，如图 9-10 所示。双击"显示"图标▣，弹出演示窗口。选择"文件 > 导入和导出 > 导入媒体"命令，弹出"导入哪个文件？"对话框，选择光盘中的"Ch09 > 素材 > 制作飞舞的蝴蝶 > 02"文件，单击"导入"按钮，将图片导入到演示窗口中并拖曳到适当的位置，效果如图 9-11 所示。关闭演示窗口。

图 9-10　　　　　　　　　　　　　　　　　图 9-11

（4）单击常用工具栏中的"运行"按钮 ▶ 运行程序，如图 9-12 所示。双击"显示"图标▣，在弹出的工具箱中的模式选择区单击鼠标，弹出显示模式选择框，并选择"阿尔法"模式 🔲 。再次单击"运行"按钮 🔘 运行程序，如图 9-13 所示。按<Ctrl>+<P>组合键暂停程序。

图 9-12   图 9-13

（5）将图标工具栏中的"显示"图标 🔲 拖曳到流程设计窗口中的流程线上，并将其命名为"蝴蝶 2"，如图 9-14 所示。双击"显示"图标 🔲 ，弹出演示窗口。选择"文件 > 导入和导出 > 导入媒体"命令，弹出"导入哪个文件？"对话框，选择光盘中的"Ch09 > 素材 > 制作飞舞的蝴蝶 >03"文件，单击"导入"按钮，将图片导入到演示窗口中，将其拖曳到适当的位置，效果如图 9-15 所示。关闭演示窗口。

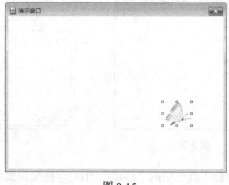

图 9-14   图 9-15

（6）单击常用工具栏中的"运行"按钮 🔘 运行程序，如图 9-16 所示。双击"显示"图标 🔲 ，在弹出的工具箱中的模式选择区单击鼠标，弹出显示模式选择框，并选择"阿尔法"模式 🔲 。再次单击"运行"按钮 🔘 运行程序，如图 9-17 所示。按<Ctrl>+<P>组合键暂停程序。

图 9-16   图 9-17

（7）在流程图设计窗口中选取显示图标"蝴蝶 1"，按<Ctrl>+<C>组合键复制图标。按

<Ctrl>+<V>组合键粘贴图标，并将其命名为"蝴蝶 3"，如图 9-18 所示。双击"显示"图标，弹出演示窗口，选取图片并调整其大小和位置，单击常用工具栏中的"运行"按钮 运行程序，如图 9-19 所示。

图 9-18   图 9-19

（8）将图标工具栏中的"等待"图标拖曳到流程线上，并命名为"等待"，如图 9-20 所示。双击"等待"图标，弹出"属性：等待图标"面板，选项的设置如图 9-21 所示。

图 9-20   图 9-21

（9）将图标工具栏中的"移动"图标拖曳到流程线上，并命名为"移动蝴蝶 1"。双击"移动"图标，弹出"属性：移动图标"面板，在演示窗口中单击"蝴蝶 1"图片，则图标内容出现在对话框的预览窗口中，其他选项的设置如图 9-22 所示。

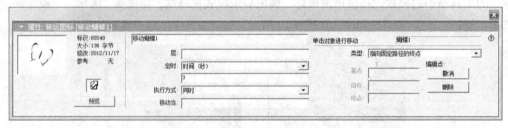

图 9-22

（10）在演示窗口中的图片上出现黑色三角形图标，按住鼠标左键拖曳蝴蝶图片到适当的位置，松开鼠标，形成路径的一个节点，并有一个黑色三角形图标。用相同的方法多次拖曳蝴蝶图片，松开鼠标，效果如图 9-23 所示。双击每一个三角形图标，使路径平滑，并调整各图标的位置，如图 9-24 所示。

图 9-23

图 9-24

（11）将图标工具栏中的"移动"图标拖曳到流程线上，并命名为"移动蝴蝶 2"。双击"移动"图标，弹出"属性：移动图标"面板，在演示窗口中单击"蝴蝶 2"图片，则图标内容出现在对话框的预览窗口中，其他选项的设置如图 9-25 所示。

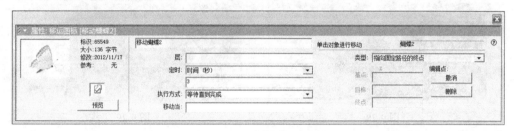

图 9-25

（12）用相同的方法在演示窗口中设置"蝴蝶 2"图片的运动路径，如图 9-26 所示。

图 9-26

（13）将图标工具栏中的"移动"图标拖曳到流程线上，并命名为"移动蝴蝶 3"。双击"移动"图标，弹出"属性：移动图标"面板，在演示窗口中单击"蝴蝶 3"图片，则图标内容出现在对话框的预览窗口中，其他选项的设置如图 9-27 所示。

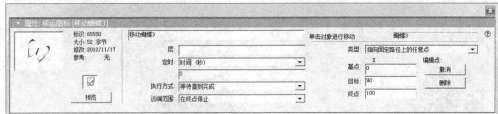

图 9-27

（14）用相同的方法在演示窗口中设置"蝴蝶 3"图片的运动路径，如图 9-28 所示。飞舞的蝴蝶制作完成，单击常用工具栏中的"运行"按钮 运行程序，如图 9-29 所示。

图 9-28

图 9-29

9.2.2 "指向固定点"类型

"指向固定点"类型是最简单、最常用的一种运动方式，也是移动图标默认的运动方式。

"指向固定点"类型的属性面板如图 9-30 所示。它大致可以被分为 3 个区域：左侧的图标信息区域、中部的运动属性区域和右侧的类型属性区域。

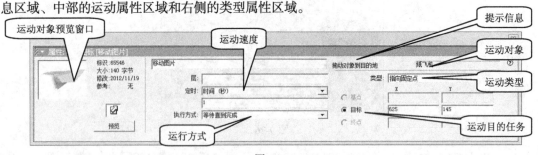

图 9-30

运动属性区域中各选项的功能如下。

"层"选项：定义运动层次，同显示图标的层次意义基本相同。

"定时"选项：定义运动速度，可以用时间（秒）和速率（sec/in）两种方式来定义。

"执行方式"选项：定义程序运行的方式。包含两个选项："等待直到完成"指程序等待移动图标执行完毕，即等待对象运动结束后才能继续向下运行。"同时"指程序可以和运动图标同时执行，即在对象运动的同时，程序继续向下运行。

类型属性区域中各选项的功能如下。

提示信息栏：说明用户该如何操作。

运动对象：选定的运动对象的图标名称。

"目标"选项：对象运动的目的位置坐标值。这个坐标值是拖曳对象到目标位置后自动产生的，改变数值将改变运动的目的位置。

继续 9.1 小节的操作。在"属性：移动图标"面板中将"执行方式"选项设置为"等待直到完成"。将图标工具栏中的"显示"图标圖拖曳到流程设计窗口中的流程线上，并命名为"热气球"。双击"显示"图标圖，弹出演示窗口，导入一张"热气球"图片，如图 9-31 所示。

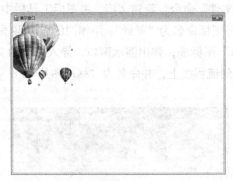

图 9-31

单击常用工具栏中的"运行"按钮 ▶ 运行程序，可以看到必须等到"纸飞机"移动到终点后，"热气球"图片才会出现。

在"属性：移动图标"面板中将"执行方式"选项设置为"同时"。重新运行程序，可以看到在"纸飞机"运动的同时，"热气球"图片就已经显现出来。

9.2.3　"指向直线上的某点"类型

"指向直线上的某点"类型的属性面板如图 9-32 所示。

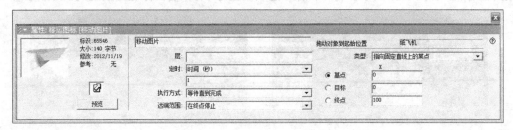

图 9-32

类型属性区域中各选项的功能如下。

"基点"选项：定义路径起点，其数值可以调整。

"目标"选项：定义路径终点，其数值也可以修改。

"终点"选项：定义对象运动的目的位置，对象运动到指定位置就停止。其数值可以在起点和终点之间，也可以超出路径范围；可以直接输入数值，也可以用变量或表达式来控制。

运动属性区域中各选项的功能如下。

"执行方式"选项：除了"等待直到完成"和"同时"两个选项外，又增加了一个"永久"选项。"永久"选项是指当对象运动目的位置采用变量或表达式来控制时，此选项会在程序执行过程中一直监测着变量，一旦变量值发生变化，就使运动图标重新执行。

"远端范围"选项：定义了当目的位置的数值大于路径终点的数值时，运动该如何进行。该选项有3种方式可供选择。"循环"是指以目的位置数值除以终点数值，余数为对象运动的实际目的位置。"在终点停止"选项是指对象只运动到终点便停止。"到上一终点"是指对象将越过终点，一直运动到目的位置。

选择"文件 > 新建 > 文件"命令，新建文档。将图标工具栏中的"显示"图标 拖曳到流程设计窗口中的流程线上，将图标命名为"背景"，用相同的方法再添加显示图标并命名为"纸飞机"。用鼠标分别双击"显示"图标 ，弹出演示窗口，导入需要的文件，效果如图9-33所示。再拖曳一个"移动"图标 到流程线上，并命名为"移动图片"。

图 9-33

双击"移动"图标 ，弹出"属性：移动图标"面板，单击演示窗口中的"纸飞机"图片添加运动对象。在"类型"选项中选择"指向直线上的某点"，并选择"基点"单选按钮，拖动"纸飞机"图片定义路径起点，如图9-34所示。选择"终点"单选按钮，拖动"纸飞机"图片到某处定义路径终点，如图9-35所示。将"目标"选项设置为140，使目标位置数值大于终点数值。

图 9-34   图 9-35

当"远端范围"选项选择不同的选项时会得到不同的移动结果，如图9-36所示。分别设置为"循环"、"在终点停止"和"到上一终点"，效果如图9-37～图9-39所示。

基点（0）

（40）

终点（100）

（140）

图 9-36

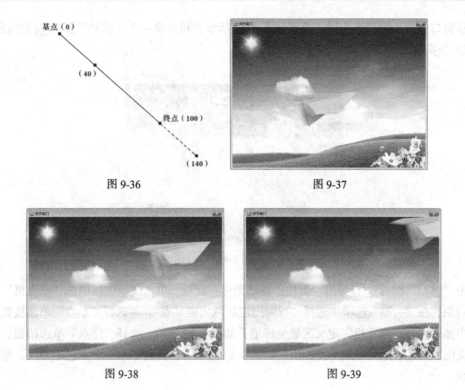

图 9-37

图 9-38

图 9-39

9.2.4 "指向固定区域内的某点"类型

"指向固定区域内的某点"类型是移动对象到规定区域内的某一指定点，其属性面板如图 9-40 所示。

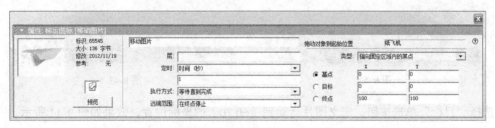

图 9-40

"基点"选项：定义运动区域左上角的坐标值。

"目标"选项：定义了运动区域右下角的坐标值。

"终点"选项：定义了对象运动目标位置的坐标值。

每个选项后都有"X"、"Y"参数，并不是指该点的屏幕坐标，而是定义该点在规定区域内的坐标值。系统默认规定区域左上角"基点"为（0,0），右下角"终点"为（100,100），可以根据需要对这个参数进行修改。对象运动目标位置的坐标值也可以修改。坐标值可以用数值，也可以用变量或表达式来定义。

新建文档。将图标工具栏中的"显示"图标拖曳到流程设计窗口中的流程线上，将图标命名为"背景"，用相同的方法再添加显示图标并命名为"纸飞机"。用鼠标分别双击"显示"图标，弹出演示窗口，导入需要的文件，效果如图 9-41 所示。再拖曳一个"移动"图标到流程线上，并命名为"移动图片"。

图 9-41

双击"移动"图标，弹出"属性：移动图标"面板，单击演示窗口中的"纸飞机"图片添加运动对象，在"类型"选项中选择"指向固定区域内的某点"，并选择"基点"单选按钮，在演示窗口中拖动图片"纸飞机"定义区域坐标值，如图 9-42 所示。选择"终点"单选按钮，拖动图片"纸飞机"到某处定义区域的坐标值，如图 9-43 所示，在页面中出一个灰色矩形框，标示出定义的区域。

图 9-42

图 9-43

选择"目标"单选按钮，定义图片运动到（60,70）的坐标位置，效果如图 9-44 所示。

图 9-44

9.2.5 "指向固定路径的终点"类型

"指向固定路径的终点"类型定义对象沿一条规定路径运动到终点。其属性面板如图 9-45 所示。

图 9-45

类型属性区域中的"撤销"和"删除"按钮，可以对路径上的节点进行删除和恢复。

运动属性区域中，除与其他运动类型相同的属性外，又增加了"移动当"选项，允许设置一个控制对象运动的参数，当该参数为真时，对象就运动，否则对象不运动。如果当时运动到终点而参数仍为真时，对象会重复运动，反之则停留在终点。

新建文档。将图标工具栏中的"显示"图标❑拖曳到流程设计窗口中的流程线上，将图标命名为"背景"，用相同的方法再添加显示图标并命名为"纸飞机"。用鼠标分别双击"显示"图标❑，弹出演示窗口，导入需要的文件，效果如图 9-46 所示。再拖曳一个"移动"图标❑到流程线上，并命名为"移动图片"。

图 9-46

双击"移动"图标❑，弹出"属性：移动图标"面板，单击演示窗口中的"纸飞机"图片添加运动对象。在"类型"选项中选择"指向固定路径的终点"，在演示窗口中的图片上出现黑色三角形图标，如图 9-47 所示。按住鼠标左键拖曳纸飞机图片到适当的位置，松开鼠标，形成路径的一个节点，并有一个黑色三角形图标，如图 9-48 所示。

图 9-47

图 9-48

提示　在拖动图片时，不要把指针放在黑色三角形上，否则会拖动路径节点。

　　继续按住鼠标左键拖曳图片，就可以建立下一个节点。如此反复，就可以形成一条多节点的折线，它就是对象的运动路径，如图 9-49 所示。单击常用工具栏中的"运行"按钮，运行程序，可看到纸飞机沿着运动路径移动。

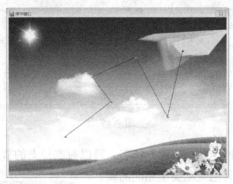

图 9-49

提示　路径在演示窗口或程序运行时并不显现出来，只有在打开运动图标属性面板时才会出现该图标对应的运动路径。因此如果需要调整路径，只能在打开运动图标属性面板的情况下调整。

　　折线路径往往不如光滑的路径流畅，下面具体介绍使路径光滑的方法。

　　双击"移动"图标，弹出"属性：移动图标"面板，显示路径。在路径上双击节点，折线变为光滑曲线，同时黑色三角也变为小圆点，如图 9-50 所示。重新运行程序，纸飞机会沿着一条光滑的路径移动。

　　可以拖动路径上的节点改变其位置编辑节点。若想删除节点，可以选取该节点，单击面板中的"删除"按钮即可，如图 9-51 所示。若发现删除或编辑不合适，要单击"撤销"按钮，取消前面的删除或编辑操作。

图 9-50　　　　　　　　　　　　　　　　图 9-51

提示　使用"撤销"按钮仅仅能取消上一步的操作，对于再上一步的操作就无能为力了。

9.2.6　"指向固定路径上的任意点"类型

"指向固定路径上的任意点"定义对象沿曲线（折线）路径运动到某点，其属性面板如图 9-52 所示。

图 9-52

面板与"指向固定路径的终点"运动类型相比，增加了"基点"、"目标"和"终点" 3 个选项，用于设置路径的起点、终点和对象在路径上运动的目标位置值。"基点"、"目标"和"终点"的值可以是数值也可以是变量或表达式。

路径的建立方法同"指向固定路径的终点"类型完全相同，也需要先选择运动对象，再拖曳对象形成路径。

9.3　在"移动"图标中使用层

在移动图标中使用层，可以调整图片在运动过程中遮挡前后。下面具体介绍在移动图标中使用层的方法和技巧。

新建文档。分别添加 3 个显示图标并命名为"背景"、"纸飞机"和"热气球"，如图 9-53 所示，导入需要的文件。将"等待"图标拖曳到流程线上，并命名为"等待"。再分别拖曳两个"移动"图标到流程线上，并命名为"移动纸飞机"和"移动热气球"，如图 9-54 所示。

图 9-53　　　　　　　　　图 9-54

设置两个移动图标的属性，将"类型"选项均设置为"指向固定点"类型，使图片"纸飞机"移动到窗口的右上角，热气球图片移动到窗口的左下角，并将"执行方式"选项均设置为"同时"。单击常用工具栏中的"运行"按钮 运行程序，可看到在运动交叉时，"热气球"图片遮盖住了"纸飞机"图片，如图 9-55 所示。

图 9-55

提示　由于两个移动图标的层均未设置，所以均使用默认值。说明当两个图标在同一层次时，处于流程线后的移动图标控制对象在运动时会遮住前面的移动图标控制对象。

　　在"移动纸飞机"图标的属性面板中，将"层"选项的值设置为 2，如图 9-56 所示。再次运行程序，可以看到在运动交叉时，"纸飞机"图片遮住了"热气球"图片，如图 9-57 所示。

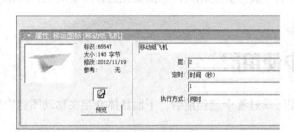

图 9-56

图 9-57

提示　当两个移动图标处于不同的层次时，高层次的移动图标控制的对象在运动时遮住底层次的图标控制的对象。

　　将"移动纸飞机"和"移动热气球"的层次均设置为 2。选择显示图标"纸飞机"，打开其属性对话框，设置图标层次为 3，如图 9-58 所示。关闭属性面板，再次运行程序，可以看到"纸飞机"图片依然被"热气球"图片所遮盖，如图 9-59 所示。

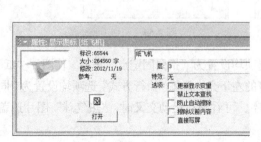

图 9-58

图 9-59

9.4 利用变量控制路径动画

利用变量可以定义对象运动的目的位置，也可以控制图片是否运动。下面具体介绍用变量控制路径动画的方法。

继续 9.3 小节的操作。将"等待"图标拖曳到流程线上，并命名为"等待"。将"计算"图标拖曳到流程线上，并命名为"控制"，如图 9-60 所示。双击"计算"图标，打开计算窗口，输入需要的内容，如图 9-61 所示。第 1 句为一条注释语句，第 2 句为一条赋值语句，定义了变量"Control"和"Position"。

图 9-60　　　　　　　　　图 9-61

关闭计算窗口，保存新变量及计算图标的内容。

打开移动图标移动"纸飞机"的属性面板，将其"类型"选项设置为"指向固定路径的终点"，拖曳"纸飞机"图片建立运动路径，如图 9-62 所示。

图 9-62

设置"执行方式"选项为"永久"，在"移动当"选项的文本框中输入"Control"。单击常用工具栏中的"运行"按钮运行程序，并单击"继续"按钮，"热气球"图片运动而"纸飞机"图片不运动，再次单击"继续"按钮，"纸飞机"图片沿创建的路径不停地运动。

这是因为再次单击"继续"按钮后，程序执行了计算图标，将变量"Control"的值改变为 1，从而使移动图标"移动纸飞机"的运动条件成立，又因为"执行方式"选项设置为"永久"，所以

"纸飞机"图片不停地运动。

 在 Authorware 中，1 表示 TRUE（真），0 表示 FALSE（假）。

同样在移动图标移动"热气球"的属性面板中，修改运动类型为"指向固定路径上的任意点"，拖曳"热气球"图片建立运动路径，如图 9-63 所示。

图 9-63

在属性面板中，将"执行方式"选项设置为"永久"，设置"目标"位置为"Position"。单击常用工具栏中的"运行"按钮 ▶ 运行程序，并单击"继续"按钮，发现"纸飞机"图片和"热气球"图片都不运动，再次单击"继续"按钮，"纸飞机"图片沿创建的路径不停地运动，而"热气球"图片只能运动到设置的坐标为 80 的目标位置。

9.5 课后习题——制作雪中的飞鸟

【习题知识要点】使用导入命令导入"背景"、"框"和"鸟"图片；使用插入命令插入 Flash 动画；使用移动图标制作鸟的飞行路径。最终效果如图 9-64 所示。

【效果所在位置】光盘/Ch09/效果/制作雪中的飞鸟.a7p。

图 9-64

第10章
交互程序设计

本章主要介绍 Authorware 中交互程序的使用。通过本章的学习，读者可以掌握多种"交互"图标的使用方法和技巧，能够独立应用"交互"图标制作出复杂多样的交互程序，这样才能更加深入地学习 Authorware。

课堂学习目标

● "交互"图标及按钮交互

10.1 交互图标及按钮交互

Authorware 能够在用户的控制下运行程序，如利用"暂停"图标的按钮、鼠标单击、时间限制等属性来控制程序的执行。但这些操作比较简单，如果想满足程序设计的需求，交互图标能够提供更为复杂的交互方式，如按钮、菜单、文字、热区和条件等。

命令介绍

按钮交互：用于应用按钮选择不同的程序内容。

添加和编辑按钮：用于添加按钮并对按钮进行编辑，为按钮设置不同的样式。

10.1.1 课堂案例——制作礼物相册

【案例学习目标】使用"交互"按钮制作按钮的程序交互，在属性："交互"图标面板中设置按钮的样式。

【案例知识要点】使用"交互"图标制作程序的交互结构；使用"显示"图标导入图片；使用特效方式对话框设置图片的特效显示；使用排列面板设置按钮的对齐；使用按钮编辑对话框设置按钮的样式。最终效果如图 10-1 所示。

【效果所在位置】光盘/Ch10/效果/制作礼物相册.a7p。

图 10-1

（1）选择"文件 > 新建 > 文件"命令，新建文档。选择"修改 > 文件 > 属性"命令，弹出"属性"面板，在"大小"选项的下拉列表中选择"根据变量"，并取消勾选"显示菜单栏"复选框，如图 10-2 所示。

图 10-2

（2）将图标工具栏中的"显示"图标🖼拖曳到流程设计窗口中的流程线上，并将其命名为"背景"，如图 10-3 所示。选择"文件 > 导入和导出 > 导入媒体"命令，弹出"导入哪个文件？"对话框，选择光盘中的"Ch10 > 素材 > 制作礼物相册 > 01"文件，单击"导入"按钮，将图片导入到演示窗口中，效果如图 10-4 所示。

图 10-3

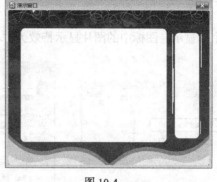

图 10-4

（3）拖曳一个"交互"图标到流程线上，并将其命名为"按钮交互"，如图 10-5 所示。拖曳一个"显示"图标🖼到"交互"图标的右侧，并在弹出的"交互类型"对话框中选择"按钮"单选按钮，如图 10-6 所示，单击"确定"按钮。重新将"显示"图标命名为"1"，如图 10-7 所示。

（4）用鼠标双击"显示"图标"1"，弹出演示窗口。选择"文件 > 导入和导出 > 导入媒体"命令，弹出"导入哪个文件？"对话框，选择光盘中的"Ch10 > 素材 > 制作礼物相册 > 02"文件，单击"导入"按钮，将图片导入到演示窗口中，并调整图片的位置，效果如图 10-8 所示。

图 10-5

图 10-6

图 10-7

图 10-8

（5）用相同的方法再拖曳 4 个"显示"图标，并分别重新命名，如图 10-9 所示。分别在每个"显示"图标所对应的演示窗口中导入光盘中的"Ch10 > 素材 > 制作礼物相册 > 03、04、05、06"文件。

（6）在流程线上双击"显示"图标"1"，弹出"属性：显示图标"面板。单击"特效"选项右侧的按钮 ，弹出"特效方式"对话框，并在"特效"列表框中选择"小框形式"，如图 10-10 所示，单击"确定"按钮，设置图片的显示特效为"小框形式"，如图 10-11 所示。用相同的方法，设置其他 4 个"显示"图标中的图片显示特效为"小框形式"。

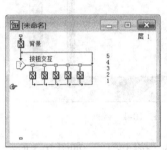
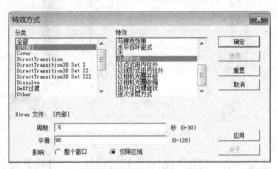

图 10-9   图 10-10

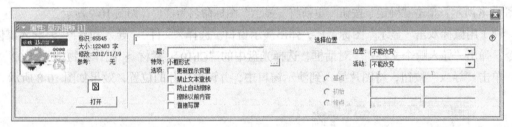

图 10-11

（7）拖曳一个"计算"图标 到"显示"图标"1"的左侧，并在弹出的"交互类型"对话框中选择"按钮"单选按钮，单击"确定"按钮。将"计算"图标命名为"退出"，如图 10-12 所示。用鼠标双击"计算"图标，在弹出的计算窗口中输入内容"Quit( )"，如图 10-13 所示。按数字键盘上的<Enter>键保存设置，关闭计算窗口。

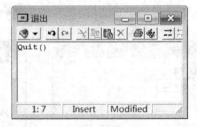

图 10-12   图 10-13

（8）单击"计算"图标的分支类型符号 ，弹出"属性"面板，在"分支"选项的下拉列表中选择"退出交互"，如图 10-14 所示。

图 10-14

（9）此时，交互流程结构的效果如图 10-15 所示。用鼠标双击流程线上"交互"图标，弹出其对应的演示窗口。选择"选择/移动"工具 ，调整 6 个按钮的大体顺序，如图 10-16 所示。

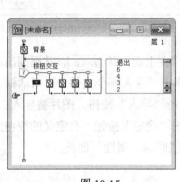

图 10-15

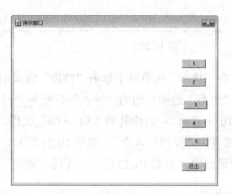

图 10-16

（10）按住<Shift>键的同时，选中 6 个按钮，如图 10-17 所示。选择"修改 > 排列"命令，弹出"排列"面板，如图 10-18 所示。单击 按钮和 按钮，调整按钮的对齐和间距。调整后按钮效果如图 10-19 所示。

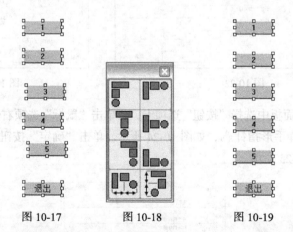

图 10-17　　　　图 10-18　　　　图 10-19

（11）用鼠标在演示窗口中双击按钮"1"，弹出"属性"面板，单击面板左侧的"按钮"按钮 按钮 ，弹出"按钮"对话框。单击对话框左下方的"添加"按钮 添加 ，弹出"按钮编辑"对话框。

（12）在"状态"选项组中单击"常规"模式中的"未按放"状态 ，其周围出现黑色的边框，如图 10-20 所示。单击"图案"选项右侧的"导入"按钮 导入... ，弹出"导入哪个文件？"

对话框，选择光盘中的"Ch10 > 素材 > 制作礼物相册 > 07"文件，单击"导入"按钮，图片被导入。"图案"选项中的设置变为"使用导入图"，如图 10-21 所示。

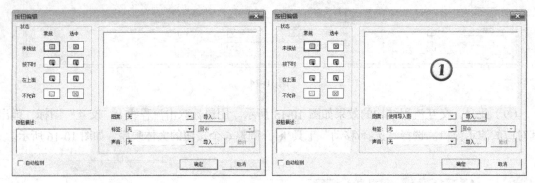

图 10-20   图 10-21

（13）在"状态"选项组中单击"常规"模式中的"在上面"状态，其周围出现黑色的边框。单击"图案"选项右侧的"导入"按钮，弹出"导入哪个文件？"对话框，选择光盘中的"Ch10 > 素材 > 制作礼物相册 > 08"文件，单击"导入"按钮，图片被导入。"图案"选项中的设置变为"使用导入图"，如图 10-22 所示。单击"确定"按钮，自定义的按钮图案出现在"按钮"对话框中，如图 10-23 所示，单击"确定"按钮回到"属性"面板。

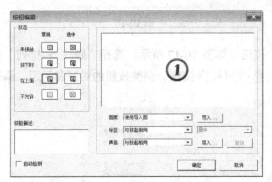 

图 10-22   图 10-23

（14）在"属性"面板中选择"按钮"选项卡，并单击"鼠标"选项右侧的按钮，弹出"鼠标指针"对话框，选择手形指针，如图 10-24 所示。单击"确定"按钮，属性面板中的鼠标指针变为手形，如图 10-25 所示。

图 10-24

图 10-25

（15）按钮 "1" 设置完成，效果如图 10-26 所示。用相同的方法设置其他按钮，并微调按钮的位置，效果如图 10-27 所示。

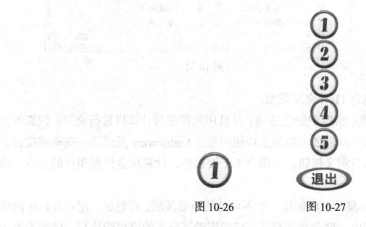

图 10-26　　　　　　　　　图 10-27

（16）单击常用工具栏中的 "运行" 按钮 ▶ 运行程序。当鼠标划过屏幕左侧的按钮时，按钮的图案发生变化；当单击按钮时，图片就会以 "小框形式" 的特效方式逐渐显示出来，如图 10-28 所示。完全显示后图片的效果如图 10-29 所示。单击 "退出" 按钮，可以退出程序的运行。礼物相册制作完成。

图 10-28　　　　　　　　　　　　　　　図 10-29

10.1.2　认识 "交互" 图标

交互就是指计算机程序与用户之间的沟通。响应就是计算机程序对用户的操作所作出的反应，这种反应都是在程序中预先设计好的。由于交互和响应是紧密联系的，因此在 Authorware 中常常将"交互类型"和"响应类型"作为同一个概念使用。在 Authorware 中，实现交互的主要工具是"交互"图标。

选择"文件 > 新建 > 文件"命令，新建文档。将图标工具栏中的"交互"图标拖曳到流程线上，并将其命名为"控制"，如图 10-30 所示。将图标工具栏中的"计算"图标拖曳到"交互"图标的右侧，弹出"交互类型"对话框，如图 10-31 所示。

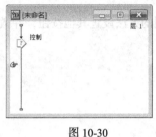

图 10-30　　　　　　　　　　图 10-31

在"交互类型"对话框中包含 11 种交互类型。

"按钮"单选按钮：可以在演示窗口中创建按钮，并且用此按钮与计算机进行交互。按钮的大小、位置及名称都是可以改变的，并且还可以加上按钮声音。Authorware 提供了一些标准按钮，这些按钮可以随意选用。还可以自定义按钮。当用户单击按钮时，计算机会根据用户的指令，沿指定的流程线执行。

"热区域"单选按钮：可以在演示窗口创建一个不可见的矩形区域，即热区。用户在热区内单击、双击或将鼠标指针移入热区内，就会激活交互，使程序沿该分支的流程线执行。区域的大小和位置可以根据需要在演示窗口中任意调整。

"热对象"单选按钮：与"热区域"不同，该交互的对象是一个热对象，即一个实实在在的对象。单击该对象就能激活交互。对象可以是任意形状的，不像热区域只能是矩形。

"目标区"单选按钮：设置一个矩形目标区域，当用户把选定的对象移动到目标区域时，就会激活交互。

"下拉菜单"单选按钮：在演示窗口中创建下拉菜单，利用菜单控制程序的流向。

"条件"单选按钮：当指定条件满足时，程序就会按着指定的流程线进行。

"文本输入"单选按钮：用于创建一个可以输入字符的区域。当用户按<Enter>键结束输入时，程序按规定的流程线继续执行。常用于输入密码、回答问题等。

"按键"单选按钮：当用户按下键盘上指定的按键后，就会激活交互。

"重试限制"单选按钮：用于限制用户与当前程序交互的尝试次数，当达到规定次数的交互时，就会执行规定的分支。常用它来制作测试题，当在规定的次数内，用户不能回答出正确答案时，就会退出交互。

"时间限制"单选按钮：当用户在规定的时间内未能实现规定的交互，这个交互可使程序按指定的流程线继续执行。

"事件"单选按钮：用于对程序流程中使用的 ActiveX 控件的触发事件进行交互。

每种响应类型都有自己特定的功能。为了得到需要的效果，可以将多个响应类型配合使用。系统默认状态下的交互类型为"按钮"。

162

单击"交互类型"对话框中的"确定"按钮。"计算"图标便附着在"交互"图标的右侧，如图 10-32 所示。

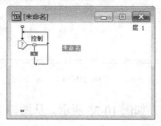

图 10-32

交互流程结构不仅仅是"交互"图标，而是由"交互"图标和交互分支组成，而交互分支又包括分支类型符号、分支图标及分支流向，如图 10-33 所示。

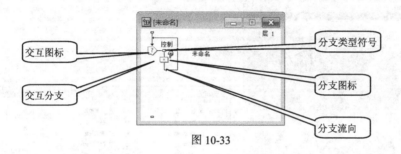

图 10-33

交互流程结构中各部分的功能。

"交互"图标：交互结构的核心，是"显示"图标、"等待"图标和"擦除"图标等的组合，具有直接提供文本图形、暂停程序执行、决定分支流向和擦除窗口内容等功能。

交互分支：交互结构程序执行交互的具体方式和内容。

分支类型符号：定义用户与多媒体作品进行交互的控制方法，不同的交互显示不同的类型符号。

分支图标：一旦用户与多媒体作品进行交互，它将沿着相应的分支执行，该分支被称为交互分支，执行的内容就是分支图标的内容。分支图标可以是一个单一图标，也可以是包含了许多内容的群组图标。

分支流向：定义程序执行完分支后将如何流向。

10.1.3 按钮交互

在程序设计过程中最常用的交互方式是按钮交互，如"选择"按钮、"退出"按钮等。可以利用按钮选择不同的程序内容，还可以根据程序的需要或自己的喜好修改按钮外观。

新建文档。选择"修改 > 文件 > 属性"命令，弹出"属性"面板，在"大小"选项的下拉列表中选择"根据变量"，并取消勾选"显示菜单栏"复选框，如图 10-34 所示，关闭"属性"面板。

163

图 10-34

添加显示图标并导入素材图片，如图 10-35 所示。从图标工具栏中拖曳一个"交互"图标  到流程线上，并将其命名为"按钮交互"。从图标工具栏中拖曳一个"显示"图标 到"交互"图标 的右侧，在弹出的"交互类型"对话框中选择"按钮"单选按钮，如图 10-36 所示，单击"确定"按钮。

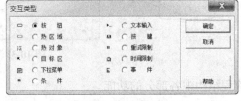

图 10-35　　　　　　　　　　　　　　　　　　　图 10-36

将"显示"图标命名为"姿势 1"，如图 10-37 所示。双击显示图标"姿势 1"，弹出相应的演示窗口，导入一张图片，调整图片的位置后效果如图 10-38 所示。关闭演示窗口。

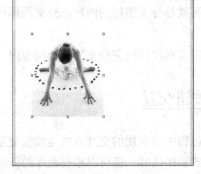

图 10-37　　　　　　　　　　　　　　　　图 10-38

再次拖曳一个"显示"图标 到"交互"图标 的右侧（第一分支的右侧），程序会直接以按钮响应类型为"显示"图标建立一个新的分支，将"显示"图标重新命名为"姿势 2"，如图 10-39 所示。

用鼠标双击"显示"图标"姿势 2"，弹出相应的演示窗口，导入一张图片，调整图片的位置后效果如图 10-40 所示。关闭演示窗口。

图 10-39　　　　　　　　图 10-40

再用相同的方法再拖曳 3 个"显示"图标，并重新命名为"姿势 3"、"姿势 4"和"姿势 5"，如图 10-41 所示，并分别在其相应的演示窗口中添加图片。

单击"运行"按钮运行程序。画面中出现 5 个按钮，但其位置与大小不是很合适。暂停程序，选择"修改 > 排列"命令，弹出"排列"面板，如图 10-42 所示。应用"排列"面板调整按钮的间距和对齐方式，如图 10-43 所示。

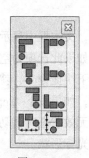

图 10-41　　　　　　图 10-42　　　　　　　图 10-43

运行程序。单击不同的按钮，会出现相应的图片，程序按照操作执行了相应的分支，如图 10-44 所示。在流程线上双击"交互"图标，弹出演示窗口，如图 10-45 所示，演示窗口中包含了程序中使用的 5 个分支按钮，可见交互分支的情况是会显示在交互图标中的。

图 10-44

图 10-45

10.1.4　按钮交互类型的交互属性

每一种交互类型都有其交互属性。由于交互总是与分支结合在一起的，所以交互属性也称为分支属性。

选择流程设计窗口，用鼠标双击交互分支"姿势 1"上方的分支类型符号 ⊙，在弹出的"属性"面板中显示出分支类型的属性，如图 10-46 所示。

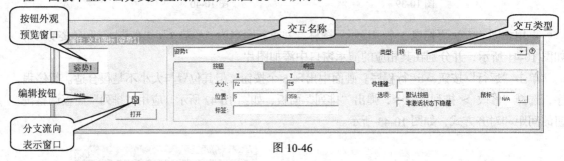
图 10-46

"按钮"选项卡用于定义按钮的外观属性。"响应"选项卡用于定义分支的交互属性。

"大小"选项：用于定义按钮的大小。

"位置"选项：用于定义按钮的显示位置，文本框中显示的数值为按钮左上角的坐标值。

"标签"选项：用于定义按钮上的文字，如果此选项为空，就使用分支名称。

"快捷键"选项：用于定义快捷键，当按下快捷键时，就相当于按下了相应的按钮。

"默认按钮"复选框：此按钮为默认设置，如果按下<Enter>键就相当于按下了此按钮。

"非激活状态下隐藏"复选框：当按钮为无效状态时自动隐藏。

"鼠标指针"选项：允许用户选择不同的光标形状。

单击"鼠标"选项右侧的按钮 ，弹出"鼠标指针"对话框，选择手形指针 ，如图 10-47 所示。单击"确定"按钮，属性面板中的鼠标指针变为手形，如图 10-48 所示。运行程序，当鼠标指针指向按钮时，鼠标指针变为手形，如图 10-49 所示。

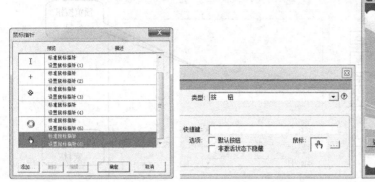

图 10-47　　　　　　　　　　　图 10-48　　　　　　　　　　　图 10-49

10.1.5　添加和编辑按钮

除了使用系统自身提供的按钮，还可以根据需要添加和编辑自己设计的按钮。

利用图像处理软件设计出 3 张按钮图片，分别用于按钮的正常、划过、按下状态，3 张图片的尺寸保持一致，效果如图 10-50 所示。

图 10-50

选择流程设计窗口，用鼠标双击交互分支"姿势 1"上方的分支类型符号 ⊡，弹出"属性"面板。单击"按钮"按钮 按钮… ，弹出"按钮"对话框，深色条显示的按钮样式为当前所使用的按钮样式，如图 10-51 所示。

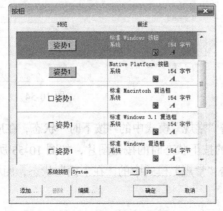

图 10-51

单击"添加"按钮，弹出"按钮编辑"对话框，如图 10-52 所示。

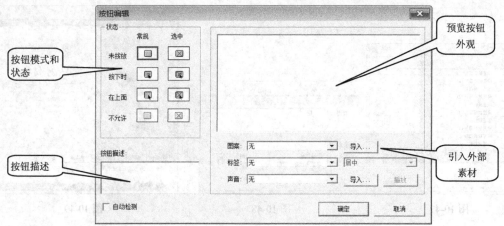

图 10-52

按钮的状态包括 2 种模式和 4 种状态。

按钮的 2 种模式分别为"常规"模式和"选中"模式。一般经常使用的是"常规"模式。"选中"模式需要对按钮的操作状态进行检测。

按钮的 4 种状态分别为"未按放"、"按下时"、"在上面"和"不允许"。在设计按钮时一般只需要设置前 3 种状态。

在"状态"选项组中单击"常规"模式中的"未按放"状态，其周围出现黑色的边框，如图 10-53 所示。单击"图案"选项右侧的"导入"按钮 导入… ，在弹出的"导入哪个文件？"对话框中选中制作好的正常状态下的按钮图片，单击"导入"按钮，图片被导入到"按钮编辑"对话框中，"图案"选项中的设置变为"使用导入图"，如图 10-54 所示。

图 10-53

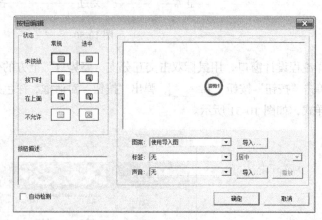

图 10-54

在"状态"选项组中单击"常规"模式中的"按下时"状态，在应用"图案"选项右侧的"导入"按钮 导入… 导入制作好的按下状态时的按钮图片，如图 10-55 所示。

在"状态"选项组中单击"常规"模式中的"在上面"状态，用相同的方法设置按钮的图片，如图 10-56 所示。

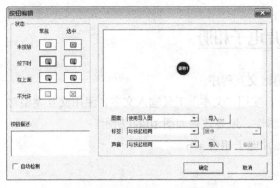 

图 10-55　　　　　　　　　　　　　　图 10-56

　　按钮的 3 种状态设置完成后，单击"确定"按钮，设置好的按钮样式显示在"按钮"对话框中，如图 10-57 所示。单击"确定"按钮，回到"属性：交互图标"面板中，预览窗口中显示出设置好的按钮，如图 10-58 所示。

 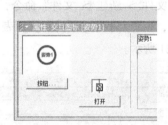

图 10-57　　　　　　　　　　　　　　图 10-58

　　运行程序。定义的按钮出现在屏幕上，鼠标指针指向按钮，按钮图片发生变化。单击该按钮，出现相应的图片，效果如图 10-59 所示。

图 10-59

命令介绍

　　热区交互：在屏幕上设置区域作为热区，实现光标指向即出现内容的功能。

169

10.1.6　课堂案例——制作儿童照片电子相册

【案例学习目标】使用"热区域"命令制作热区交互程序。

【案例知识要点】使用"显示"图标导入图片；使用"文本"工具输入文字；使用交互类型对话框设置交互的类型；使用属性面板设置交互的属性。最终效果如图 10-60 所示。

【效果所在位置】光盘/Ch10/效果/制作儿童照片电子相册.a7p。

图 10-60

（1）选择"文件 > 新建 > 文件"命令，新建文档。选择"修改 > 文件 > 属性"命令，弹出"属性"面板，在"大小"选项的下拉列表中选择"根据变量"，并取消勾选"显示菜单栏"复选框，如图 10-61 所示。

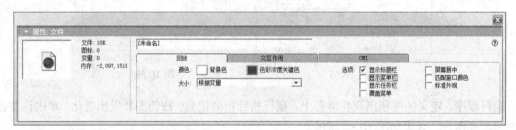

图 10-61

（2）将图标工具栏中的"显示"图标拖曳到流程线上，并将其命名为"背景"，如图 10-62 所示。用鼠标双击"显示"图标，弹出演示窗口。选择"文件 > 导入和导出 > 导入媒体"命令，在弹出的"导入哪个文件？"对话框中选择"Ch10 > 素材 > 制作儿童照片电子相册 > 01"文件，单击"导入"按钮，将图片导入到演示窗口中，效果如图 10-63 所示。

图 10-62

图 10-63

（3）将图标工具栏中的"显示"图标圆拖曳到流程线上，并将其命名为"装饰图形"。用鼠标双击"显示"图标，弹出演示窗口。选择"文件 > 导入和导出 > 导入媒体"命令，在弹出的"导入哪个文件？"对话框中选择"Ch10 > 素材 > 制作儿童照片电子相册 > 02"文件，单击"导入"按钮，将图片导入到演示窗口中，效果如图 10-64 所示。

（4）选择"选择/移动"工具 ，选中图片，在工具箱的模式选择区单击鼠标，弹出显示模式选择框，并在其中选择"透明"模式，如图 10-65 所示，将图片的背景设置为透明，效果如图 10-66 所示。

图 10-64　　　　　　图 10-65　　　　　　　　　　图 10-66

（5）在工具箱的色彩选择区单击"线框颜色"图标，并在弹出的颜色面板中选择预设的深蓝色，如图 10-67 所示。选择"文本"工具 A，在演示窗口中输入文字，如图 10-68 所示。

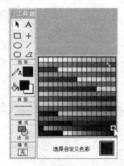

图 10-67　　　　　　　　　图 10-68

（6）选择"选择/移动"工具 ，选中文字拖曳到适当的位置并调整文字的控制框，如图 10-69 所示。选中文字，选择"文本 > 字体 > 其他"命令，弹出"字体"对话框，在"字体"选项的下拉列表中选择需要的字体，如图 10-70 所示。单击"确定"按钮，效果如图 10-71 所示。

图 10-69　　　　　　图 10-70　　　　　　　图 10-71

（7）选中文字，选择"文本 > 大小 > 其他"命令，弹出"字体大小"对话框，在"字体大小"选项的文本框中输入需要的数值，如图 10-72 所示。单击"确定"按钮，文字大小调整后的效果如图 10-73 所示。

图 10-72   图 10-73

（8）选择"文本"工具 A，在演示窗口中输入需要的文字，选择"选择/移动"工具 ，选中文字，设置适当的字体和文字大小，调整后的效果如图 10-74 所示。用相同的方法为其他照片输入需要的文字，如图 10-75 所示。双击"装饰图形"图标，弹出"属性"面板，将"层"选项设为 2，如图 10-76 所示。

图 10-74   图 10-75

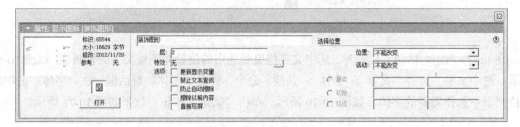

图 10-76

（9）拖曳一个"交互"图标 到流程线上，并将其命名为"清晰照片"，如图 10-77 所示。再拖曳一个"显示"图标 到"交互"图标的右侧，在弹出的"交互类型"对话框中选择"热区域"单选按钮，如图 10-78 所示，单击"确定"按钮。

图 10-77   图 10-78

（10）将"显示"图标命名为"照片 1"，如图 10-79 所示。此时，在演示窗口中出现一个虚线框。调整虚线框的大小并将其放置在照片 1 的上方，如图 10-80 所示。

图 10-79   图 10-80

（11）用鼠标双击"显示"图标"照片 1"，弹出演示窗口。选择"文件 > 导入和导出 > 导入媒体"命令，在弹出的"导入哪个文件？"对话框中选择"Ch10 > 素材 > 制作儿童照片电子相册 > 03"文件，单击"导入"按钮，将图片导入到演示窗口中，效果如图 10-81 所示。

（12）单击常用工具栏中的"运行"按钮 运行程序，单击模糊的照片 1 图片，在演示窗口中显示清晰的图片，双击选取图片，拖曳到适当的位置，效果如图 10-82 所示。

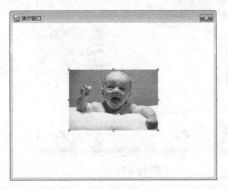

图 10-81   图 10-82

（13）用鼠标双击"显示"图标"照片 1"的分支类型符号，弹出"属性"面板。在"匹配"选项的下拉列表中选择"指针处于指定区域内"，单击"鼠标"选项右侧的按钮，并在弹出的"鼠标指针"对话框中设置指针形状为手形，如图 10-83 所示。单击"确定"按钮，面板中的效果如图 10-84 所示。

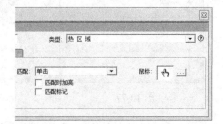

图 10-83　　　　　　　　　　　图 10-84

（14）选择面板中的"响应"选项卡，在"擦除"选项的下拉列表中选择"在下一次输入之后"，如图 10-85 所示。

图 10-85

（15）用相同的方法，再拖曳 5 个"显示"图标到流程线上，并将其分别命名，如图 10-86 所示。此时，演示窗口中又多出 5 个虚线框，每个虚线框的左上角都标有名称，然后按照名称拖曳虚线框到相应的图片上，并调整虚线框的大小，如图 10-87 所示。

图 10-86　　　　　　　　　　　图 10-87

（16）用相同的方法，分别在适当的显示图标中置入需要的图片，如图 10-88 所示。单击常用工具栏中的"运行"按钮 运行程序，当鼠标指向某张模糊照片时，左侧就会出现相应的清晰照片，如图 10-89 所示。儿童照片电子相册制作完成。

图 10-88   图 10-89

10.1.7 　热区交互

屏幕上的某个区域也可作为交互控制对象，这个控制区域称为热区。

选择流程设计窗口，用鼠标双击交互分支"姿势 1"上方的分支类型符号 ，弹出"属性"面板，在"类型"选项的下拉列表中选择"热区域"，如图 10-90 所示。

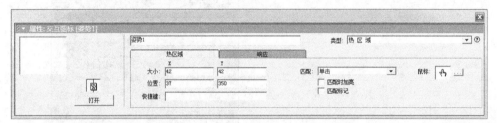

图 10-90

除了"大小"、"位置"、"快捷键"等几个常规属性外，热区交互还包括以下属性。

"匹配"选项：用于设置交互的方式，有"单击"、"双击"和"指针处于指定区域内" 3 种方式可选。

"匹配时加亮"复选框：当交互时以高亮（反显）来显示。

"匹配标记"复选框：在热区左侧显示出一个标记，当交互时该标记显示被选中。

将属性面板的"匹配"选项设置为"指针处于指定区域内"，如图 10-91 所示。这样，运行程序时当光标指到热区就能够执行相应的分支。

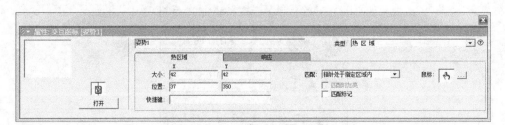

图 10-91

用鼠标双击流程设计窗口中的"交互"图标，弹出相应的演示窗口，原来的"姿势 1"按钮消失了，在原来按钮的位置上出现一个虚线框，这个虚线框就是对应分支的热区，如图 10-92 所示。

图 10-92

在工具箱中选中"文本"工具 **A**，在虚线框中输入文字，并调整虚线框的大小，如图 10-93 所示。用相同的方法，将其他分支的交互类型也设置为热区，并在属性面板中将"匹配"选项设置为"指针处于指定区域内"。在"交互"图标的演示窗口中设置热区的大小和名称，如图 10-94 所示。

图 10-93　　　　　　　　　　　　图 10-94

运行程序。画面上不显示热区的虚线框，但鼠标移动到热区位置时，就会出现相应的分支，如图 10-95 所示。

图 10-95

176

10.1.8　交互响应的属性

交互的属性包括类型属性和响应属性。类型属性决定了交互的控制方式和外观特征，响应属性控制着分支内容的显示和分支流向。虽然两者类型属性不同，但响应属性都是相同的。

新建文档。将图标工具栏中的"交互"图标 ? 拖曳到流程线上，再拖曳一个"群组"图标 到"交互"图标的右侧，并选择交互类型为"按钮"，建立一个交互循环结构。双击分支类型符号 ，弹出"属性"面板，切换到"响应"选项卡，调出相应的选项，如图 10-96 所示。

图 10-96

"范围"选项：设置交互操作的作用范围。若勾选"永久"复选框，该交互操作会在离开本交互循环后仍然有效。

"激活条件"选项：用于设置表达式或变量，只有当表达式或变量为真时，交互操作才有效。

"擦除"选项：用于设置擦除分支内容的时间。其中包含 4 个选项："在下一次输入之后"选项，保留本分支产生的内容，直至执行下一次交互才擦除；"在下一次输入之前"选项，当本分支执行完成时，立即擦除本分支产生的内容；"在退出时"选项，本分支的内容一直显示，直到退出本交互结构时才被擦除；"不擦除"选项，本分支产生的内容不被擦除，退出交互也将保留。

"分支"选项：用于设置分支执行后程序的流向。其中包含 3 个选项："重试"选项，分支执行完成后，程序在本交互结构中循环，等待继续交互；"继续"选项，分支执行完成后，继续判断并执行位于该分支右侧的其他分支；"退出交互"选项，执行完成后，程序将退出当前交互结构，继续执行后面的内容。

当在属性面板中勾选"永久"复选框后，"分支"选项的下拉列表中会出现"返回"选项，这时分支相当于一个子程序，调用执行完后会返回程序中调用它的位置。

这 4 种分支类型的分支流向符号如图 10-97 所示。

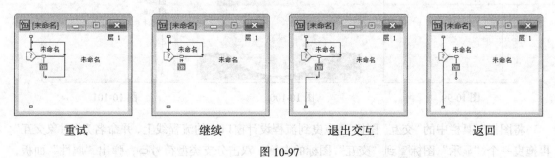

重试　　　　继续　　　　退出交互　　　　返回

图 10-97

"状态"选项：用于设置是否对分支状态进行正确或错误判断。其中包含 3 个选项："不判断"

选项，即不对操作进行判断，此选项为系统默认设置；"正确响应"选项，选择此选项，程序把执行本分支的操作视为正确；"错误响应"选项，选择此选项，程序把执行本分支的操作视为错误。

"计分"选项：用于设置完成此分支所能得到的分数，可为正、负或表达式值。

10.1.9　热对象交互

热对象交互就是以对选定对象的操作作为交互的执行条件，这个选定的对象就是热对象。下面以认识生活用品为例来说明热对象交互的用法。当指针移动到某个图片上时，就能显示出相应的名称，如图 10-98 所示。

图 10-98

新建文档。选择"修改 > 文件 > 属性"命令，弹出"属性：文件"面板，在"大小"选项的下拉列表中选择"根据变量"，并取消勾选"显示菜单栏"复选框。

将图标工具栏中的"显示"图标🖾拖曳到流程设计窗口中的流程线上，并命名为"背景"，如图 10-114 所示。双击"显示"图标，在弹出的演示窗口中导入一张背景图片，如图 10-99 所示。

在流程线上再引入 4 个"显示"图标，并分别命名，如图 10-100 所示。分别为各个"显示"图标导入相应的图片，并按照图 10-101 的效果调整图片的位置。

图 10-99

图 10-100

图 10-101

将图标工具栏中的"交互"图标🔲拖曳到流程设计窗口中的流程线上，并命名为"对象交互"，再拖曳一个"显示"图标🖾到"交互"图标的右侧。双击分支类型符号⊸，弹出"属性"面板，在"类型"选项的下拉列表中选择"热对象"，如图 10-102 所示。分支类型符号变为※。将"显示"图标命名为"说明文字 1"，如图 10-103 所示。用鼠标双击"显示"图标"说明文字 1"，打开演示窗口，输入文字"小型台灯"并调整文字的位置和颜色，如图 10-104 所示。

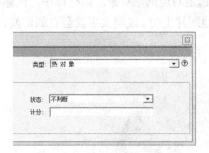
图 10-102

图 10-103

图 10-104

运行程序，屏幕上出现所有图片。双击分支类型符号❋，弹出"属性"面板。在屏幕上单击台灯图片，将其定义为反馈图标的热对象。在属性面板左侧的预览窗口中显示出台灯图片，并在"热对象"选项中显示出台灯的图标名称，说明该对象已被选中为热对象。在"匹配"选项的下拉列表中选择"指针在对象上"，将鼠标指针定义为手形，如图 10-105 所示。

图 10-105

提示　程序运行时，当遇到一个空的（未指定对象）热对象交互分支时，会自动暂停，弹出"属性：交互图标"面板，等待用户指定热对象。

选择热对象必须用鼠标选中画面中的对象，在空白处单击是无法选择对象的。热对象就是某个显示图标中的全部内容。

运行程序，当鼠标移动到台灯图片上时，鼠标变为手形，同时出现该图片的说明文字"小型台灯"，如图 10-106 所示。

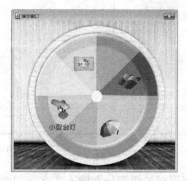
图 10-106

用相同的方法，再继续用"显示"图标建立分支"说明文字 2"、"说明文字 3"和"说明文字4"，如图 10-107 所示。

在分支的"显示"图标中分别添加图片的名称，并分别选定对应的热对象。运行程序，鼠标指向任何图片时会出现相应的说明文字，一旦鼠标移动到其他图片上时，说明文字就会立刻切换，如图 10-108 所示。

图 10-107

图 10-108

提示 交互分支只能放置一个图标，若分支内容需使用多个图标，就必须用"群组"图标将它们组合起来。

10.1.10   条件交互

条件交互中的条件一般是变量、函数或表达式，当条件得到满足时就执行相应的分支。

新建文档。选择"修改 > 文件 > 属性"命令，弹出"属性"面板，在"大小"选项的下拉列表中选择"根据变量"，并取消勾选"显示菜单栏"复选框。

拖曳一个"显示"图标到流程线上，并将其重新命名为"标尺"，如图 10-109 所示。用鼠标双击"显示"图标，弹出演示窗口。选择"矩形"工具，在窗口的下方绘制一个矩形框，如图 10-110 所示。

图 10-109

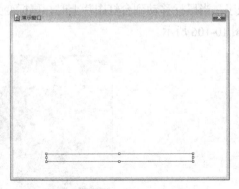

图 10-110

选择"文本"工具 A，在矩形框的两侧分别输入文字，如图 10-111 所示，这个矩形在程序中表示标尺。

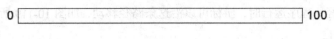

图 10-111

再拖曳一个"显示"图标 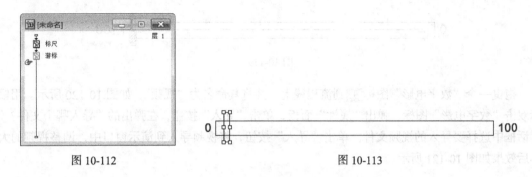 到流程线上，并将其命名为"游标"，如图 10-112 所示。运行程序，当遇到"显示"图标"游标"时，程序自动暂停。选择"矩形"工具 □，在标尺的左侧绘制一个矩形框，如图 10-113 所示。

图 10-112　　　　　　　　　　　　　　　　　　图 10-113

选择"选择/移动"工具 ⬉，在工具箱的填充选择区单击鼠标，弹出填充模式选择框，并在其中选择填充模式，如图 10-114 所示。矩形框被填充，效果如图 10-115 所示。

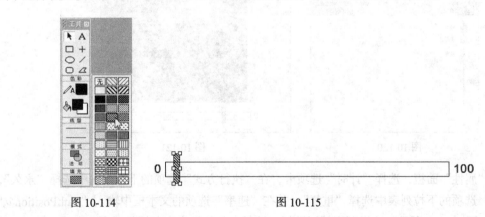

图 10-114　　　　　　　　　　　　　　　图 10-115

单击"显示"图标"游标"，弹出"属性"面板，在"位置"选项的下拉列表中选择"在路径上"，在"活动"选项的下拉列表中选择"在路径上"，并在"初始"选项的文本框中输入 15，如图 10-116 所示。

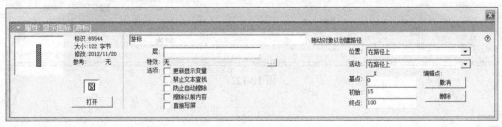

图 10-116

此时，在游标的上面出现一个白色三角形，如图 10-117 所示。用鼠标向右侧水平拖曳游标，使其到达标尺的右侧，如图 10-118 所示。松开鼠标，游标上出现一个黑色三角形，在两个三角形的中间出现一条路径，程序运行时，游标可以沿这条路径移动，如图 10-119 所示，这条路径的初始值为刚才设置的 15。

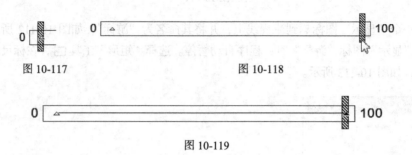

图 10-117　　　　　　　　　图 10-118

图 10-119

拖曳一个"数字电影"图标到流程线上，并将其命名为"视频"，如图 10-120 所示。用鼠标双击"数字电影"图标，弹出"属性"面板，单击"导入"按钮，在弹出的"导入哪个文件？"对话框中选择要导入的视频文件。单击"导入"按钮，将视频导入到演示窗口中，调整视频的大小后效果如图 10-121 所示。

图 10-120　　　　　　　　　图 10-121

选择"属性"面板，选择"计时"选项卡，在"执行方式"选项的下拉列表中选择"永久"，在"播放"选项的下拉列表中选择"重复"，并在"速率"选项的文本框中输入"PathPosition@"游标""，如图 10-122 所示。这样程序就以游标在路径上的位置来定义视频速度。

图 10-122

 提示　　"PathPosition@"游标""是一个系统变量，能够自动记录游标在路径上的位置值。

拖曳一个"交互"图标 到流程线上，并将其重新命名为"控制"。再拖曳一个"计算"图标 到"交互"图标的右侧，在弹出的"交互类型"对话框中选择"条件"单选按钮，如图 10-123 所示。单击"确定"按钮，流程设计窗口中的效果如图 10-124 所示。

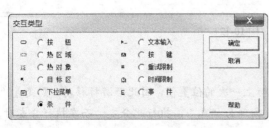

图 10-123

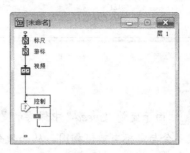

图 10-124

用鼠标双击"计算"图标，弹出计算窗口，并在计算窗口中输入内容，如图 10-125 所示，定义变量"speed"等于"游标"在路径上的位置值，这样做的目的是利用变量来记录游标的位置值，按数字键盘中的<Enter>键保存内容。

图 10-125

用鼠标双击"计算"图标的分支类型符号 ，弹出"属性"面板，如图 10-126 所示。

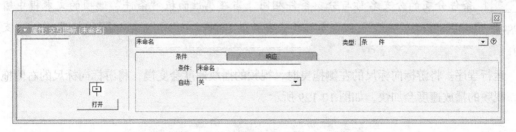

图 10-126

"条件"选项：用于定义分支的交互条件。

"自动"选项：用于定义条件自动判断的方式。其中包括多个选项："关"表示不进行条件的自动判断；"为真"表示当条件成立时就执行分支；"当由假为真"表示当条件由"假"变为"真"时就执行分支。

在"条件"选项的文本框中输入"speed<>PathPosition@"游标""，并在"自动"选项的下拉列表中选择"为真"，如图 10-127 所示。

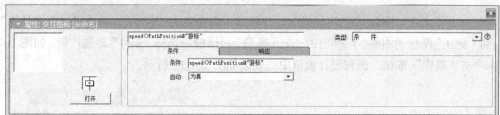

图 10-127

提示 由于变量"*speed*"中保存的是游标上一次的位置值，因此若游标移动，则变量"*speed*"的值就不会与游标当前值相同，从而使分支条件为"真"，执行此分支；而在执行分支时，计算图标又会将游标新位置的值保存到变量"*speed*"中，为游标的下一次移动作准备。

此时，流程设计窗口中的效果如图 10-128 所示。

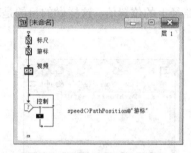

图 10-128

提示 条件分支的分支名称与分支条件相同，当在属性面板"条件"选项的文本框中输入"speed<>PathPosition@"游标""时，系统就会自动以"speed<>PathPosition@"游标""作为分支名称。

运行程序。将游标向标尺的左侧拖曳时，视频的播放速度会变慢；将游标向标尺的右侧拖曳时，视频的播放速度会加快，如图 10-129 所示。

图 10-129

10.1.11 目标区交互

在制作多媒体作品时，有时需要将某个对象拖动到指定的位置，Authorware 提供的目标区交互类型就能够实现这种功能。

新建文档。选择"修改 > 文件 > 属性"命令，弹出"属性"面板，在"大小"选项的下拉列表中选择"根据变量"，并取消勾选"显示菜单栏"复选框。

将图标工具栏中的"显示"图标 拖曳到流程线上，并将其命名为"背景"，如图 10-130 所示。用鼠标双击"显示"图标，弹出演示窗口，在弹出的演示窗口中导入背景图片，如图 10-131 所示。

图 10-130

图 10-131

用鼠标右键单击流程线上的"显示"图标，在弹出的菜单中选择"计算"命令，并在弹出的计算窗口中输入内容，定义"显示"图标"背景"中的内容不能移动，如图 10-132 所示。关闭计算窗口，在"显示"图标的左上方显示一个"="符号，如图 10-133 所示。这种结构相当于一个"显示"图标加上一个"计算"图标。

图 10-132

图 10-133

> **提示** "Movable@"IconTitle"" 是一个系统变量，当其值为"FALSE"时，所定义的图标内容不可被移动。

拖曳一个"群组"图标 到流程线上，并将其命名为"图片"，如图 10-134 所示。用鼠标双击"群组"图标，弹出"图片"流程窗口中。拖曳一个"显示"图标 到流程线上并将其命名为"兔子"，如图 10-135 所示。

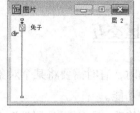

图 10-134 · · · · · · · · · · · · · · · · 图 10-135

用鼠标双击"显示"图标"兔子"，在弹出的演示窗口中导入兔子图片，如图 10-136 所示。在工具箱的模式选择区单击鼠标，弹出显示模式选择框，并选择其中的"阿尔法"模式，设置兔子图片的白色背景为透明。用相同的方法，在"图片"流程窗口中再导入 4 个"显示"图标，并分别为其命名，如图 10-137 所示。用相同的方法，在每个"显示"图标中导入相应的动物图片。

图 10-136 · · · · · · · · · · · · · · · · 图 10-137

拖曳一个"交互"图标到主流程线上，并将其命名为"拖动"，如图 10-138 所示。再拖曳一个"群组"图标到"交互"图标的右侧，并在弹出的"交互类型"对话框中选择"目标区"单选按钮，如图 10-139 所示，单击"确定"按钮。将"群组"图标命名为"羊"，如图 10-140 所示。

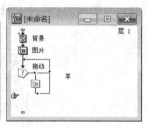

图 10-138 · · · · · · · · · · · · · · · · 图 10-139 · · · · · · · · · · · · · · · · 图 10-140

运行程序。程序遇到一个空的（未曾设置）交互响应会自动暂停，并弹出"属性"面板，要求对响应属性进行设置，如图 10-141 所示，同时在演示窗口中出现一个虚线框。

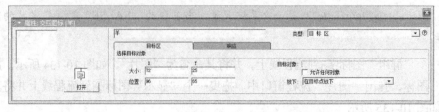

图 10-141

"允许任何对象"复选框：接受任何对象，即任何对象拖动到此区域都可以。

"放下"选项：定义目标对象被放下后该如何动作，其中包括 3 个选项。"在目标点放下"表示放在终点，即拖动到何处就停留在何处；"返回"表示返回原地，即返回拖动前的位置；"在中心定位"表示锁定到中心，即拖动到目标区域后被锁定到区域中心。

此时，在"属性"面板中显示出一句提示信息"选择目标对象"，要求选择需要拖动的目标对象。单击图片"羊"，则虚线框自动附着到该图片上，如图 10-142 所示。属性面板中的提示信息更改为"拖动对象到目标位置"，要求拖动对象到目标区域。拖动图片"羊"（注意是拖动图片而不是虚线框）到英文单词"Sheep"的下方，虚线框也会随之移动到该位置，并调整虚线框的大小，使之与图片"羊"的大小基本相同，如图 10-143 所示。

图 10-142　　　　　　　　图 10-143

选择"属性"面板，在"放下"选项的下拉列表中选择"在中心定位"。取消勾选"允许任何对象"复选框，以便使本响应只对选定对象有效，如图 10-144 所示。

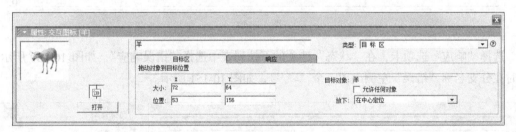

图 10-144

在属性面板中单击"响应"选项卡，并在"状态"选项的下拉列表中选择"正确响应"，说明将图片"羊"拖动到目标区域的操作是正确响应，如图 10-145 所示。此时在分支名称"羊"左侧出现一个"+"号，如图 10-146 所示。

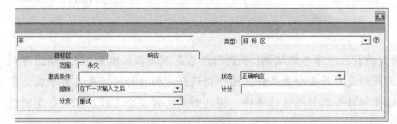

图 10-145　　　　　　　　　　　　　图 10-146

为了处理目标对象被拖动到其他错误区域这种情况，拖曳一个"群组"图标到"群组"图标"羊"的右侧，并将其命名为"错误"，如图 10-147 所示。运行程序，在演示窗口中出现一个

187

新的虚线框，将程序暂停，调整虚线框的大小，并使其覆盖住整个演示窗口，如图 10-148 所示。

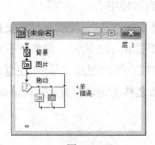

图 10-147   图 10-148

调出"错误"分支的属性面板，勾选"允许任何对象"复选框，并在"放下"选项的下拉列表中选择"返回"，如图 10-149 所示。

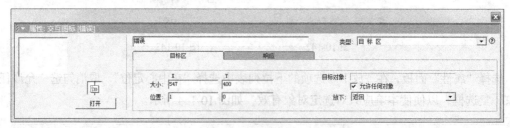

图 10-149

选择"响应"选项卡，在"状态"选项的下拉列表中选择"错误响应"，如图 10-150 所示。此时在分支名称"错误"左侧出现一个"-"号，如图 10-151 所示。

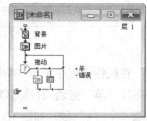

图 10-150   图 10-151

提示　正确分支和错误分支的前后顺序不能颠倒，否则图片总是返回初始位置。当拖动图片到某一位置后，程序要从前向后判断是否符合分支条件。由于错误分支的目标区域覆盖整个展示窗口，所以将图片拖放到任意位置都符合其目标区域条件，因此如果将错误分支放在正确分支的前面，就会总是执行错误分支。

运行程序，当拖动图片"羊"到正确位置时，它就会停留在目标区域位置，如图 10-152 所示。当被拖动到其他区域时，羊图片将返回原始位置。用相同的方法，在"群组"图标"错误"之前再导入 4 个"群组"图标，并分别重新命名，如图 10-153 所示。用相同的方法，分别设置各个分支的属性。

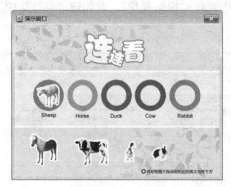

图 10-152

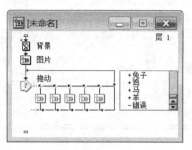

图 10-153

　　设置完成后，运行程序，每个对象都只能移动到其确定的相应目标区域，并被吸附到该目标区域中心，如图 10-154 所示。若拖动到其他位置，则会自动返回到原始位置。

图 10-154

命令介绍

　　下拉菜单交互：可以在程序中设置下拉菜单，选择每个菜单命令，就能够显示相应的分支内容，使用起来极其方便。

10.1.12　课堂案例——制作古诗词欣赏

　　【案例学习目标】使用下拉菜单交互类型制作下拉菜单。

　　【案例知识要点】使用"显示"图标添加图片；使用特效方式对话框设置图片的特效显示方式；使用"属性"图标面板设置分支的属性；使用"擦除"图标设置擦除文件菜单；使用计算窗口设置函数。最终效果如图 10-155 所示。

　　【效果所在位置】光盘/Ch10/效果/制作古诗词欣赏.a7p。

图 10-155

（1）选择"文件 > 新建 > 文件"命令，新建文档。选择"修改 > 文件 > 属性"命令，弹出"属性"面板，在"大小"选项的下拉列表中选择"根据变量"，并勾选"屏幕居中"复选框，如图 10-156 所示。

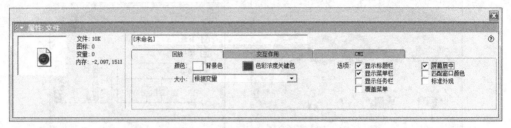

图 10-156

（2）将图标工具栏中的"显示"图标拖曳到流程线上，并将其重新命名为"引导图"，如图 10-157 所示。用鼠标双击"显示"图标，弹出演示窗口。选择"文件 > 导入和导出 > 导入媒体"命令，并在弹出的"导入哪个文件？"对话框中选择"Ch10 > 素材 > 制作古诗词欣赏 > 01"文件，单击"导入"按钮，将图片导入到演示窗口中，效果如图 10-158 所示。

图 10-157   图 10-158

（3）拖曳一个"交互"图标到流程线上，并将其重新命名为"文件"。再拖曳一个"群组"图标到"交互"图标的右侧，并在弹出的"交互类型"对话框中选择"下拉菜单"单选按钮，单击"确定"按钮，如图 10-159 所示。

（4）用鼠标双击"群组"图标的分支类型符号，弹出"属性"面板，切换到"响应"选项卡，并勾选"永久"复选框，如图 10-160 所示。

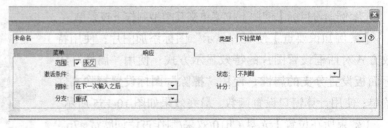

图 10-159   图 10-160

（5）拖曳一个"擦除"图标到流程线上，并将其重新命名为"擦除"，如图 10-161 所示。

单击常用工具栏中的"运行"按钮 ▶ 运行程序，程序会自动暂停到"擦除"图标处，并弹出"属性"面板，单击演示窗口左上方的"文件"菜单，如图 10-162 所示。"文件"菜单显示在属性面板右侧的选择框中，如图 10-163 所示，表示"文件"菜单被擦除。

图 10-161

图 10-162

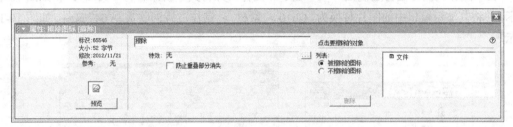

图 10-163

（6）拖曳一个"交互"图标 ？ 到流程线上，并将其重新命名为"李白"。再将一个"显示"图标 圖 拖曳到"交互"图标的右侧，在弹出的"交互类型"对话框中选择"下拉菜单"单选按钮，单击"确定"按钮。将"显示"图标重新命名为"清平乐"，如图 10-164 所示。

（7）用鼠标双击"显示"图标"清平乐"，弹出演示窗口，将"Ch10 > 素材 > 制作古诗词欣赏 > 02"文件导入到演示窗口中，效果如图 10-165 所示。

图 10-164

图 10-165

（8）选中流程设计窗口中的"显示"图标"清平乐"，选择"编辑 > 复制"命令，复制"显示"图标。在分支的右侧单击鼠标，出现手形指示图标。选择"编辑 > 粘贴"命令，将复制的图标进行粘贴，并将其重新命名为"送友人"，如图 10-166 所示。

（9）用鼠标双击"显示"图标"送友人"，弹出演示窗口，将窗口中的图片删除，并将"Ch10 > 素材 > 制作古诗词欣赏 > 03"文件导入到演示窗口中，如图 10-167 所示。

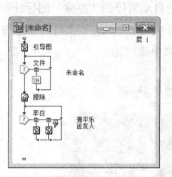

图 10-166   图 10-167

（10）用相同的方法再复制出一个"显示"图标，并将其重新命名为"吴山月"，如图 10-168 所示。并将其演示窗口中的图片替换为"Ch10 > 素材 > 制作古诗词欣赏 > 04"文件，如图 10-169 所示。

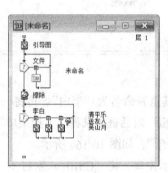

图 10-168   图 10-169

（11）拖曳一个"计算"图标 到分支图标的右侧，并将其重新命名为"退出"，如图 10-170 所示。用鼠标双击"计算"图标 ，在弹出的计算窗口中输入函数"Quit( )"，如图 10-171 所示。按数字键盘上的<Enter>键保存计算内容，关闭计算窗口。

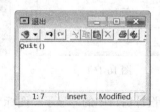

图 10-170   图 10-171

（12）单击"清平乐"图标中的分支类型符号 ，弹出"属性"面板，切换到"响应"选项卡，勾选"永久"复选框，并在"分支"选项的下拉列表中选择"返回"，如图 10-172 所示。

图 10-172

（13）此时，"显示"图标"清平乐"的分支效果如图 10-173 所示。用相同的方法设置其他图标，调整后的流程结构如图 10-174 所示。

图 10-173　　　　　　　　图 10-174

（14）用鼠标单击"显示"图标"清平乐"，弹出"属性"面板，单击"特效"选项右侧的按钮，并在弹出的"特效方式"对话框中选择"垂直百叶窗式"，如图 10-175 所示，单击"确定"按钮，属性面板中的效果如图 10-176 所示。用相同的方法设置其他"显示"图标中的图片的特效显示方式。

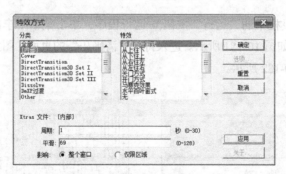

图 10-175

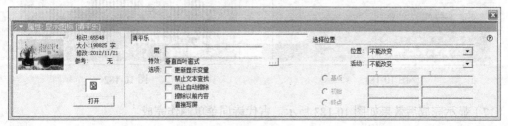

图 10-176

（15）用上述制作交互分支的方法再制作一个交互分支"白居易"，如图 10-177 所示。应用"Ch10 > 素材 > 制作古诗词欣赏 > 05、06、07"文件制作交互结构，如图 10-178、图 10-179 和图 10-180 所示。

图 10-177

图 10-178

图 10-179

图 10-180

（16）单击常用工具栏中的"运行"按钮 ▶ 运行程序，单击菜单"李白"在弹出的子菜单中选择"清平乐"命令，如图 10-181 所示。进入诗词"清平乐"的页面，图片以垂直百叶窗的显示效果进行显示，如图 10-182 所示。

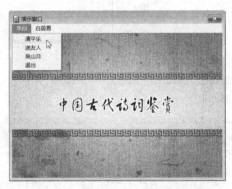

图 10-181

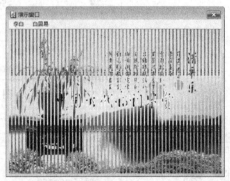

图 10-182

（17）显示完成后效果如图 10-183 所示。古代诗词菜单制作完成。

图 10-183

10.1.13 下拉菜单交互

使用下拉菜单，可以快速显示出需要的图片。

新建文档。选择"修改 > 文件 > 属性"命令，弹出"属性"面板，在"大小"选项的下拉列表中选择"根据变量"，并勾选"屏幕居中"复选框，如图 10-184 所示。

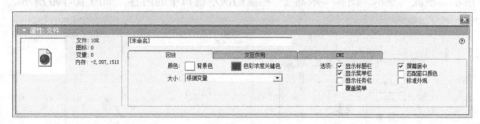

图 10-184

> **提示**
>
> 在"属性"面板中保持"显示菜单栏"复选框的勾选状态，否则下拉式菜单无法显示。

添加"背景"显示图标并导入适当的图片。将图标工具栏中的"交互"图标⑦拖曳到流程设计窗口中的流程线上，将其命名为"乐器"。再将一个"显示"图标⊠拖曳到"交互"图标的右侧，并在弹出的"交互类型"对话框中选择"下拉菜单"单选按钮，单击"确定"按钮。将"显示"图标重新命名为"乐器1"，如图 10-185 所示。

用鼠标双击"显示"图标"乐器1"，弹出演示窗口，导入一张图片，效果如图 10-186 所示。

图 10-185

图 10-186

运行程序。在屏幕的左上方多出一个"乐器"菜单，其中包含了一个"乐器 1"子菜单，选择"乐器 1"命令，显示出分支图标中的内容，如图 10-187 所示。

暂停运行程序。选中流程设计窗口中的"显示"图标"乐器 1"，并选择"编辑 > 复制"命令，复制"显示"图标。在分支的右侧单击鼠标，出现手形指示图标，如图 10-188 所示。

图 10-187　　　　　　　　　　　图 10-188

选择"编辑 > 粘贴"命令，将复制出的图标进行粘贴，并将其重新命名为"乐器 2"，如图 10-189 所示。更改"显示"图标"乐器 2"相应的演示窗口中的内容，如图 10-190 所示。

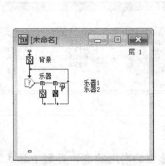

图 10-189　　　　　　　　　　　图 10-190

用相同的方法，再复制出一个分支图标，并进行设置，如图 10-191 所示。拖曳一个"计算"图标 ▣ 到分支图标的右侧，并将其重新命名为"退出"，如图 10-192 所示。

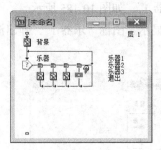

图 10-191　　　　　　　　　　　图 10-192

用鼠标双击"计算"图标 ▣，在弹出的计算窗口中输入函数"Quit( )"（此函数用于退出程序），如图 10-193 所示。输入完成后按数字键盘上的<Enter>键保存计算内容，关闭计算窗口。

运行程序。屏幕左上方的"乐器"菜单中包含了多个子菜单，选择任意子菜单，屏幕中可显示出相应的图片，如图 10-194 所示。选择"退出"命令，可退出运行程序。

图 10-193　　　　　　　　　　　图 10-194

用相同的方法，再制作出一个交互结构，如图 10-195 所示。运行程序，会发现屏幕上方并没有出现"文具"菜单。因为此时第 1 个交互结构正在循环等待，并没有开始执行第 2 个交互结构。

单击"乐器 1"图标中的分支类型符号，弹出"属性"面板，切换到"响应"选项卡，勾选"永久"复选框，并在"分支"选项的下拉列表中选择"返回"，如图 10-196 所示。

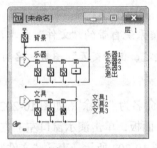

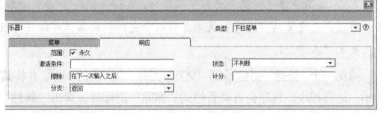

图 10-195　　　　　　　　　　　图 10-196

用相同的方法设置其他图标，调整后的流程结构如图 10-197 所示。运行程序，在屏幕的上方显示出"乐器"菜单和"文具"菜单，选择任意菜单将显示出相应的内容，如图 10-198 所示。

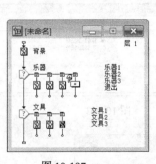

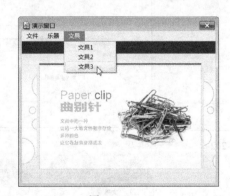

图 10-197　　　　　　　　　　　图 10-198

在屏幕的上方除了"乐器"菜单和"文具"菜单以外，还有一个系统自带的"文件"菜单，它包含了一个"退出"子菜单，主要用于退出程序，但在"乐器"菜单中我们已经自定义了一个"退出"菜单，所以可以将"文件"菜单去除。

拖曳一个"交互"图标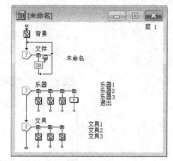到"背景"图标的下方，并将其命名为"文件"。再拖曳一个"群组"图标到"交互"图标的右侧，并在弹出的"交互类型"对话框中选择"下拉菜单"单选按钮，单击"确定"按钮，如图 10-199 所示。

用鼠标双击"群组"图标的分支类型符号，弹出"属性"面板，切换到"响应"选项卡，勾选"永久"复选框，以使交互结构全程有效，如图 10-200 所示。运行程序，"文件"菜单变为用户自定义的菜单，如图 10-201 所示。

图 10-199

图 10-200

图 10-201

提示 当用户建立新的"文件"菜单后，Authorware 就会自动取消系统自带的"文件"菜单，而使用用户自定义的"文件"菜单。所以分支图标的名称可以任意设定，但"交互"图标的名称一定要是"文件"。

拖曳一个"擦除"图标到"交互"图标"文件"的下方，并将其命名为"擦除"，如图 10-202 所示。运行程序，程序会自动暂停到"擦除"图标处，弹出"属性"面板，单击演示窗口左上方的"文件"菜单，"文件"菜单显示在属性面板右侧的选择框中，如图 10-203 所示，表示"文件"菜单被擦除。运行程序。在屏幕上只显示出"乐器"菜单和"文具"菜单，如图 10-204 所示。

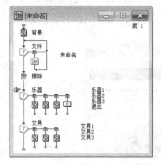

图 10-202

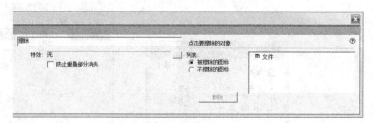

图 10-203

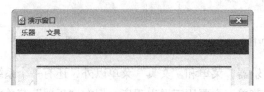

图 10-204

10.1.14　按键交互

按键交互是指利用键盘按键来控制分支的执行。

新建文档。选择"修改 > 文件 > 属性"命令，弹出"属性：文件"面板，在"大小"选项的下拉列表中选择"根据变量"，并取消勾选"显示菜单栏"复选框，如图 10-205 所示。

图 10-205

在流程线上添加两个显示图标并导入需要的素材，如图 10-206 所示。拖曳一个"移动"图标到流程线上，将其命名为"移动"，如图 10-207 所示。

图 10-206　　　　　　　　　图 10-207

在流程线上，将雪人图标向"移动"图标上拖曳，指定雪人为移动对象。双击"移动"图标，弹出"属性"面板，在"类型"选项的下拉列表中选择"指向固定区域内的某点"，如图 10-208 所示。

图 10-208

选择属性面板中的"基点"单选按钮，如图 10-209 所示，在演示窗口中拖曳雪人到右上方的位置，如图 10-210 所示。

图 10-209　　　　　　　　　　　　图 10-210

选择属性面板中的"终点"单选按钮，如图 10-211 所示，向演示窗口的左下方拖曳雪人，出现一个矩形区域框，如图 10-212 所示。

图 10-211　　　　　　　　　　　　图 10-212

拖曳一个"交互"图标 到流程线上，并将其重新命名为"控制"。再拖曳一个"计算"图标 到"交互"图标的右侧，并在弹出的"交互类型"对话框中选择"按键"单选按钮，单击"确定"按钮，如图 10-213 所示。双击分支类型符号，弹出"属性"面板，在标题栏的文本框中输入"leftarrow"，定义当按下左方向键时执行分支，如图 10-214 所示。

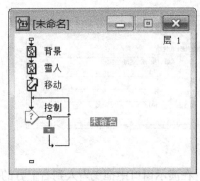

图 10-213　　　　　　　　　　　　图 10-214

　　"leftarrow"是左方向键的默认名称，必须使用这个名称，系统才会识别左方向键按下的指令。

用鼠标双击"计算"图标，弹出计算窗口，在计算窗口中输入文字，如图 10-215 所示，按数字键盘上的<Enter>键进行确认。

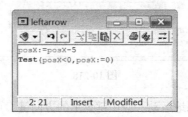

图 10-215

> **提示**　　计算窗口中输入的内容定义了变量"posX"的数值递减，并测试若"posX"小于 0 就使之为 0，即"posX"不能小于 0。"Test"是一个系统函数，其作用是判断条件（括号中逗号前面的表达式）是否成立，若成立，就执行后面的表达式。

用相同的方法建立其他按键的交互分支，各分支的名称就是相应方向键的名称，如图 10-216 所示。

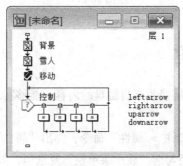

图 10-216

各分支计算图标中的内容如图 10-217 所示。

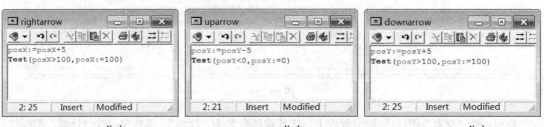

rightarrow 分支　　　　　　　　uparrow 分支　　　　　　　　downarrow 分支

图 10-217

双击"移动"图标，弹出"属性"面板，选择"目标"单选按钮，在右侧的文本框中分别输入"posX"和"posY"。在"执行方式"选项的下拉列表中选择"永久"，并在"定时"选项的文本框中设置时间为"0.1"，如图 10-218 所示。

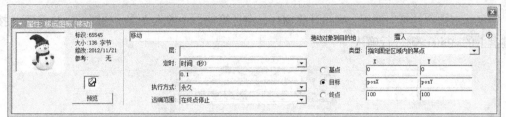

图 10-218

运行程序，雪人在屏幕上原地运动。应用键盘上的方向键，可以控制雪人的运动位置，如图 10-219 所示，但控制的范围不会超过设定的矩形区域。

图 10-219

10.1.15 文本输入交互

文本输入交互可以使程序直接接收来自键盘的内容，能够实现用户在程序运行时对计算机的信息输入。

新建文档。选择"修改 > 文件 > 属性"命令，弹出"属性"面板，在"大小"选项的下拉列表中选择"根据变量"，并取消勾选"显示菜单栏"复选框，如图 10-220 所示。

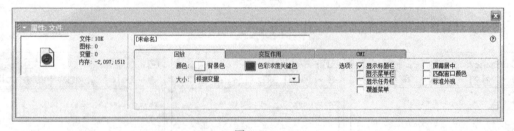

图 10-220

拖曳一个"交互"图标 到流程线上，将其重新命名为"姓名"。再拖曳一个"计算"图标 到"交互"图标的右侧，并在弹出的"交互类型"对话框中选择"文本输入"单选按钮，单击"确定"按钮。将"计算"图标重新命名为"*"，如图 10-221 所示。

提示　　利用"*"作为文本输入交互类型的交互条件，可以使该分支接受任何输入。用户从键盘上输入任意内容，然后按<Enter>键，都会进入该分支执行。

用鼠标双击"计算"图标，打开计算窗口，输入文字"name:=EntryText"，如图 10-222 所示。其中用变量"name"记录用户输入的内容，"EntryText"是一个系统变量，它保存了用户输入的内容。

用鼠标双击"交互"图标"姓名"，弹出演示窗口，在演示窗口中显示出一个黑色三角和一个虚线框，如图 10-223 所示，这个虚线框就是交互文本的输入区域。

图 10-221

图 10-222

图 10-223

双击虚线框，弹出"属性"对话框，如图 10-224 所示。

"版面布局"选项卡：可以设置文本输入区域的大小、位置、输入字符的数量，以及当字符数量达到限制值时是否自动判断。

"交互作用"选项卡：可以设置确认键，选择是否显示输入标记、是否忽略空白输入、是否在离开交互时自动擦除输入文字等。

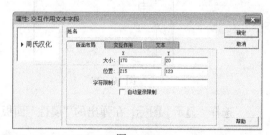

图 10-224

"文本"选项卡：可以设置输入文本的字体、大小、风格、颜色及模式等属性。

在对话框中设置文本的字体、颜色及背景色，如图 10-225 所示，单击"确定"按钮。在演示窗口中导入图片。运行程序，如图 10-226 所示。

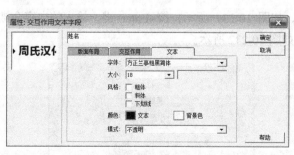

图 10-225

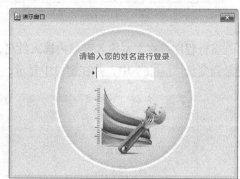

图 10-226

用鼠标双击"计算"图标的分支类型符号，弹出"属性"面板，切换到"响应"选项卡，在"分支"选项的下拉列表中选择"退出交互"，如图 10-227 所示。

图 10-227

拖曳一个"显示"图标圈到流程线上，并将其命名为"欢迎"，如图 10-228 所示。双击"显示"图标，弹出其相应的演示窗口。在演示窗口中导入图片。选择"文本"工具 **A**，在演示窗口中输入文字，如图 10-229 所示，其中"name"是一个变量。

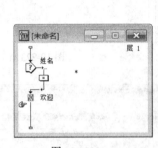

图 10-228

图 10-229

选择"显示"图标，在弹出的"属性"面板中勾选"更新显示变量"复选框，如图 10-230 所示。

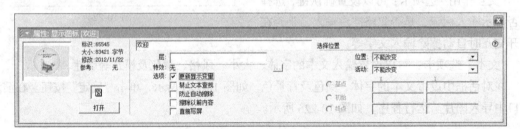

图 10-230

运行程序。在文本输入区域内输入姓名，如图 10-231 所示，按<Enter>键，输入的内容会被记录到变量"name"中，并在窗口中显示，如图 10-232 所示。

图 10-231

图 10-232

命令介绍

重试限制交互：在程序设计中，有时要限制用户输入的次数，如为保护程序而加入的密码设置，往往只允许输入几次密码，不正确就会自动退出程序，而不会允许无限制地尝试输入密码。重试限制交互可以简单的实现这种限制功能。

10.1.16　课堂案例——制作登录系统

【案例学习目标】使用"交互"图标、"群组"图标、"属性"面板设置程序的重试限制。

【案例知识要点】使用"显示"图标导入图片；使用属性面板设置交互文本的属性；使用文本工具输入文本；使用计算图标设置退出程序。最终效果如图 10-233 所示。

【效果所在位置】光盘/Ch10/效果/制作登录系统.a7p。

图 10-233

（1）选择"文件 > 新建 > 文件"命令，新建文档。选择"修改 > 文件 > 属性"命令，弹出"属性"面板，在"大小"选项的下拉列表中选择"根据变量"，并取消勾选"显示菜单栏"复选框，如图 10-234 所示。

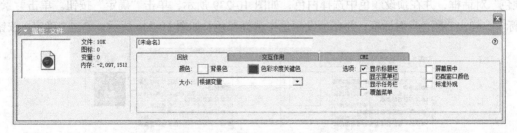

图 10-234

（2）将图标工具栏中的"显示"图标 拖曳到流程设计窗口中的流程线上，并将其命名为"背景图"，如图 10-235 所示。

（3）用鼠标双击"显示"图标 ，弹出演示窗口。选择"文件 > 导入和导出 > 导入媒体"命令，在弹出的"导入哪个文件？"对话框中选择"Ch10 > 素材 > 制作登录系统 > 01"文件，单击"导入"按钮，将图片导入到演示窗口中，效果如图 10-236 所示。

图 10-235　　　　　　　　　　　　　图 10-236

（4）拖曳一个"交互"图标 到流程线上，并将其命名为"密码"。拖曳一个"群组"图标
到"交互"图标的右侧，在弹出的"交互类型"对话框中选择"文本输入"单选按钮，单击"确
定"按钮，并将"群组"图标命名为"study"，如图 10-237 所示。

（5）用鼠标双击"群组"图标的分支类型符号 ，弹出"属性"面板，切换到"响应"选项
卡，在"分支"选项的下拉列表中选择"退出交互"，如图 10-238 所示。

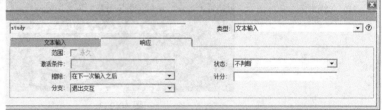

图 10-237　　　　　　　　　　　　　　　图 10-238

（6）用鼠标双击"交互"图标"密码"，弹出演示窗口，在演示窗口中显示一个虚线框。双击
虚线框，弹出"属性"对话框，在对话框中切换到"文本"选项卡，单击文本颜色图标 ，弹出
"颜色"对话框，并在预设颜色中选择白色，如图 10-239 所示，单击"确定"按钮。单击背景色
图标 ，弹出"颜色"对话框，并在预设颜色中选择黑色，如图 10-240 所示，单击"确定"按钮。

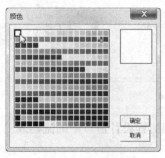

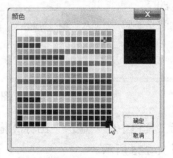

图 10-239　　　　　　　　　　　　　图 10-240

（7）在"字体"选项的下拉列表中选择字体，如图 10-241 所示。

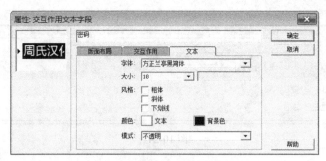

图 10-241

（8）在工具箱中选择"文本"工具 **A**，并在演示窗口中输入文字，如图 10-242 所示。选择"选择/移动"工具 **↖**，选中文字。选择"文本 > 字体"命令，在其子菜单中设置文字的字体，如图 10-243 所示。单击工具箱中的文本颜色图标，在弹出的色彩选择面板中选择预设的白色，如图 10-244 所示。在模式选择区单击鼠标，弹出显示模式选择框，并在其中选择"透明"模式 ，如图 10-245 所示。

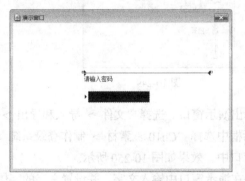

图 10-242

图 10-243

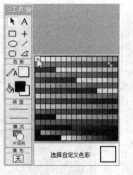

图 10-244

图 10-245

（9）拖曳一个"计算"图标 到"群组"图标的右侧，并将其重新命名为"退出"，如图 10-246 所示。

（10）用鼠标双击"计算"图标的分支类型符号 ，弹出"属性"面板，在"类型"选项的下拉列表中选择"重试限制"，并在"重试限制"选项卡中"最大限制"选项的文本框中输入 5，如图 10-247 所示。

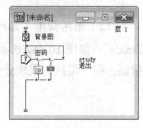

图 10-246

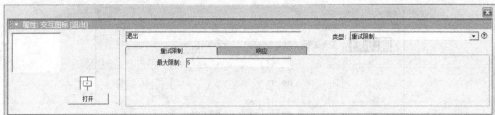

图 10-247

（11）用鼠标双击"计算"图标，弹出计算窗口，输入退出程序的语句"Quit( )"，如图 10-248 所示，按数字键盘中的<Enter>键保存内容。拖曳一个"显示"图标🖼到流程线的下方，并将其重新命名为"内容"，如图 10-249 所示。

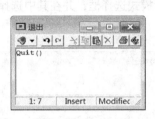

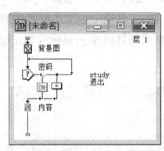

图 10-248　　　　　　　图 10-249

（12）用鼠标双击"显示"图标"内容"，弹出演示窗口。选择"文件 > 导入和导出 > 导入媒体"命令，在弹出的"导入哪个文件？"对话框中选择"Ch10 > 素材 > 制作登录系统 > 02"文件，单击"导入"按钮，将图片导入到演示窗口中，效果如图 10-250 所示。

（13）在工具箱中选择"文本"工具 A，并在演示窗口中输入文字，并设置文字的字体、大小、颜色和显示模式，如图 10-251 所示。

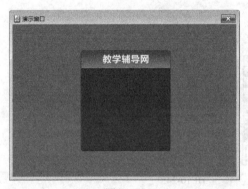

图 10-250　　　　　　　图 10-251

（14）单击常用工具栏中的"运行"按钮 ▶ 运行程序。在密码输入框中输入初始设置的密码"study"，如图 10-252 所示，按<Enter>键即可进入程序，如图 10-253 所示。若连续 5 次密码输入错误，程序将执行限次分支，退出程序。

图 10-252

图 10-253

10.1.17　重试限制交互

新建文档。选择"修改 > 文件 > 属性"命令，弹出"属性"面板，在"大小"选项的下拉列表中选择"根据变量"，并取消勾选"显示菜单栏"复选框，如图 10-254 所示。

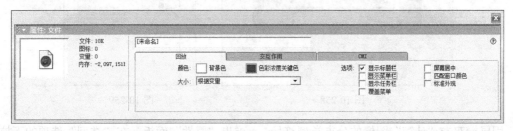

图 10-254

拖曳一个"交互"图标[?]到流程线上，并将其命名为"密码"。拖曳一个"群组"图标[群]到"交互"图标的右侧，并在弹出的"交互类型"对话框中选择"文本输入"单选按钮，单击"确定"按钮，将"群组"图标命名为"mima"，如图 10-255 所示。

用鼠标双击"群组"图标的分支类型符号┣┅，弹出"属性"面板，切换到"响应"选项卡，在"分支"选项的下拉列表中选择"退出交互"，如图 10-256 所示。这样，当用户输入的密码是"mima"时，程序才会执行此分支，然后退出交互结构。

图 10-255

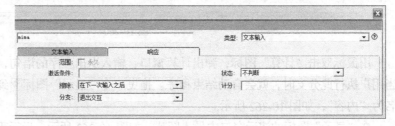

图 10-256

用鼠标双击"交互"图标"密码"，弹出演示窗口，在演示窗口中显示一个虚线框，调整虚线框的位置。双击虚线框，弹出"属性"对话框，并在对话框中设置文本的属性，如图 10-257 所示，单击"确定"按钮。

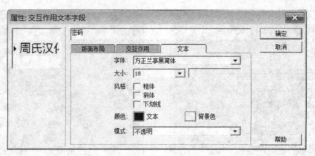

图 10-257

导入图片。运行程序，并调整虚线框的位置，如图 10-258 所示。拖曳一个"计算"图标 ⊟ 到"群组"图标的右侧，并将其重新命名为"退出"，如图 10-259 所示。

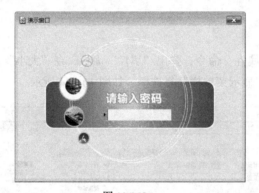

图 10-258

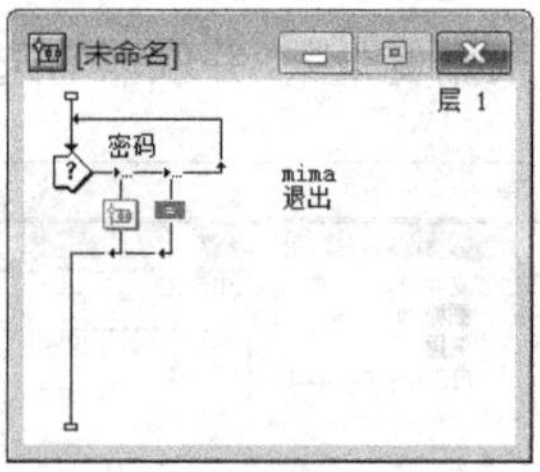

图 10-259

用鼠标双击"计算"图标的分支类型符号 ┅，弹出"属性"面板，在"类型"选项的下拉列表中选择"重试限制"，并在"最大限制"选项的文本框中输入 4，即最多可尝试输入 4 次密码，如图 10-260 所示。

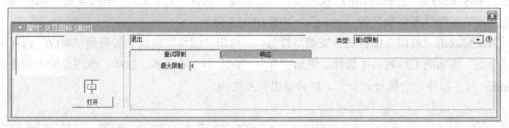

图 10-260

用鼠标双击"计算"图标，弹出计算窗口，输入退出程序的语句，如图 10-261 所示。这样，当用户执行此分支时，就会自动结束程序。拖曳一个"显示"图标 圖 到流程线的下方，并将其命名为"内容"，如图 10-262 所示。

在"显示"图标的演示窗口中导入图片，如图 10-263 所示。运行程序。如果输入正确的密码"mima"，如图 10-264 所示，按<Enter>键，程序就会显示内容界面，如图 10-265 所示。若连续 4次密码输入错误，程序将执行限次分支，退出程序。

图 10-261　　　　　　　图 10-262　　　　　　　图 10-263

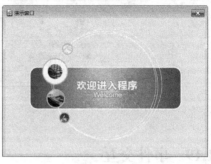

图 10-264　　　　　　　　　　　　图 10-265

10.1.18　时间限制交互

在口令设置或某些测试题中，常常需要用户在限定的时间内输入正确的内容或完成正确操作，这就需要应用时间限制交互，它可以限制交互进行的时间，一旦设定的时间到，就会执行限时分支。

继续 10.1.17 小节的操作。

在流程设计窗口中双击"计算"图标的分支类型符号-#-，弹出"属性"面板，在"类型"选项的下拉列表中选择"时间限制"，如图 10-266 所示。

图 10-266

"时限"选项：用于设置限时时间。

"中断"选项：用于设置在限时交互期间，若用户执行了其他的工作，如使用下拉菜单、按钮等，那么限时该如何计算。

"显示剩余时间"复选框：勾选此复选框，画面中将显示一个小闹钟来指示剩余时间。

"每次输入重新计时"复选框：用于设置每次输入后，重新开始计时。

在"时限"选项的文本框中输入 8，限定时间为 8s，勾选"显示剩余时间"复选框，如图 10-267 所示。此时，"计算"图标的分支类型符号变为⊛。

运行程序。屏幕的右下方显示出一个小闹钟图标，显示倒计时的时间，如图 10-268 所示。如果用户输入的密码不对，时间一到，程序将自动退出。

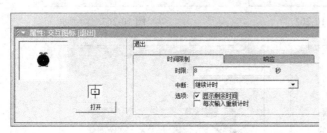

图 10-267

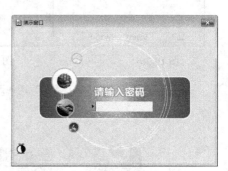

图 10-268

10.1.19　事件交互

事件交互是指对程序中的外部控件的事件进行交互。这些事件包括单击或双击鼠标、按下按键等。一旦针对控件的事件发生，就进入相应的分支。这些外部控件可以是由选择"插入 > 控件"命令插入的 ActiveX 控件，也可以是由选择"插入 > 媒体"命令插入的 GIF 动画、Flash 动画或 QuickTime 动画。不同的外部控件有着不同的"事件"，通过这些事件的检测，就可以实现不同的交互。

新建文档。选择"修改 > 文件 > 属性"命令，弹出"属性"面板，在"大小"选项的下拉列表中选择"根据变量"，并取消勾选"显示菜单栏"复选框。

选择"插入 > 控件 > ActiveX"命令，弹出"Select ActiveX Control"对话框，选择列表框中的"日历控件 0"，如图 10-269 所示。单击"OK"按钮，弹出控件属性对话框，如图 10-270 所示。

图 10-269

图 10-270

"Select ActiveX Control" 对话框中列出的是当前计算机中的 ActiveX 控件，不同计算机中的 ActiveX 控件可能有所不同，但一般都包含了常用的控件。

选择 "BackColor" 属性，单击面板右上方的 ▪ 按钮，在弹出的 "颜色" 面板中设置背景的颜色，如图 10-271 所示。选择 "DayFont" 属性，单击面板右上方的 ▪ 按钮，在弹出的 "字体" 面板中设置日期文字的颜色、字形、大小、颜色等选项，如图 10-272 所示。用相同的方法设置其他属性。

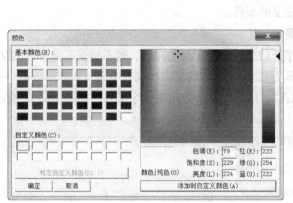

图 10-271

图 10-272

设置完成后，单击 "OK" 按钮，关闭对话框。将 "控件" 图标命名为 "播放"，如图 10-273 所示。拖曳一个 "交互" 图标 到流程线上，并命名为 "控制"，如图 10-274 所示。拖曳一个 "显示" 图标 到 "交互" 图标的右侧，并在弹出的 "交互类型" 对话框中选择 "事件" 单选按钮，如图 10-275 所示，单击 "确定" 按钮。将 "显示" 图标命名为 "背景"，如图 10-276 所示。

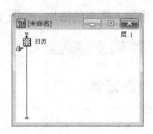

图 10-273

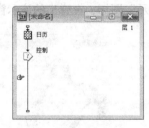

图 10-274

图 10-275

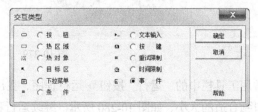

图 10-276

213

用鼠标双击"计算"图标的分支类型符号 ⊱，弹出"属性"面板，如图 10-277 所示。

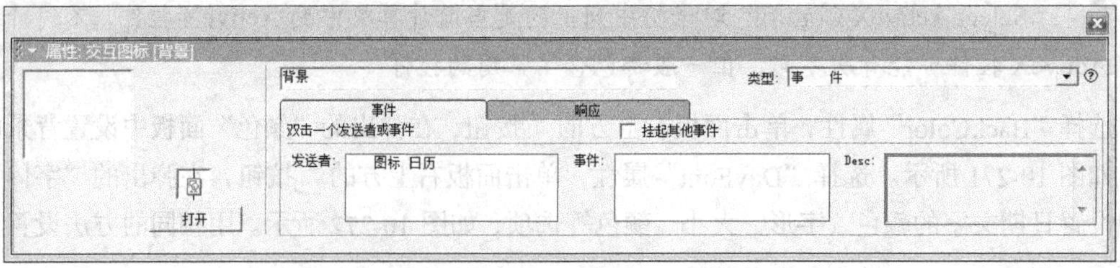

图 10-277

"发送者"列表框：显示当前流程线上可以作为事件产生者的控件图标名称。

"事件"列表框：显示选定控件可以接受的事件。

"Desc"列表框：显示对指定事件的简单描述。

"挂起其他事件"复选框：设置当程序开始交互指定事件的时候，暂不接受其他事件的交互。

在"发送者"列表框中双击"图标 日历"，即在名称的前方出现一个叉号，表示该控件处于选中状态。在"事件"列表框中双击"click"，同样在其前方出现一个叉号，如图 10-278 所示。

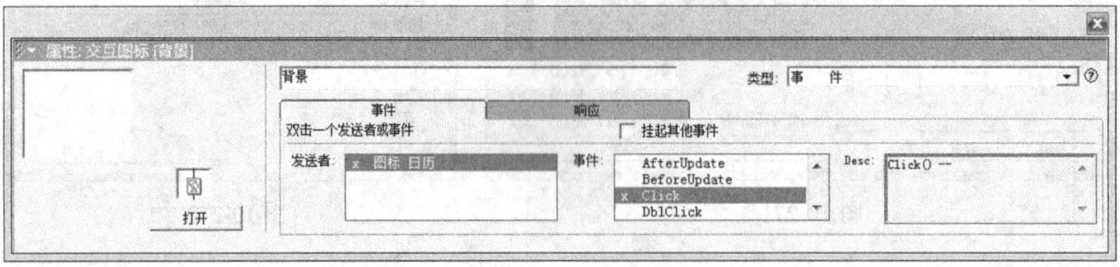

图 10-278

 选中的图标名称和事件前面出现叉号，才能说明该选项被选中。

用鼠标双击"显示"图标，在弹出的演示窗口中导入适当的图片，如图 10-279 所示。

图 10-279

单击常用工具栏中的"运行"按钮 运行程序，在出现日历窗口时暂停程序的运行，然后调整播放窗口到合适的大小，如图 10-280 所示。继续运行程序，单击其中的一个日期，显示背景图片，如图 10-281 所示。

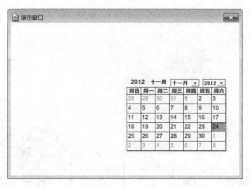

图 10-280

图 10-281

10.2 课后习题——控制影片播放速度

【习题知识要点】使用"显示"图标导入图片；使用模式选择区设置图片的显示模式；使用"数字电影"图标导入视频；使用"属性"面板设置系统变量；使用计算窗口输入变量。最终效果如图 10-282 所示。

【效果所在位置】光盘/Ch10/效果/控制影片播放速度.a7p。

图 10-282

第11章
判断、导航及框架

本章主要介绍 Authorware 的判断、导航及框架。通过本章的学习，读者可以掌握图标的使用方法和软件功能的应用技巧，能够独立灵活地应用"判断"、"导航"及"框架"图标，制作出复杂多样的交互程序。

课堂学习目标

- "判断"图标
- "框架"图标
- "导航"图标
- 超文本链接

11.1　"判断"图标

"判断"图标能够根据设置的条件自动决定程序的执行情况，根据不同的属性设置，"判断"图标上的字符也不相同。

命令介绍

"判断"图标："判断"图标是除了"交互"图标之外可以实现程序交互控制的又一种图标。其可以实现对程序的分支进行自动的判断。

11.1.1　课堂案例——制作闪烁的文字

【案例学习目标】使用判断结构制作文字闪烁效果。

【案例知识要点】使用"等待"图标设置等待属性；使用"判断"图标设置判断属性；使用复制、粘贴命令复制显示图标。最终效果如图 11-1 所示。

【效果所在位置】光盘/Ch11/效果/制作闪烁的文字.a7p。

图 11-1

（1）选择"文件 > 新建 > 文件"命令，新建文档。选择"修改 > 文件 > 属性"命令，弹出"属性：文件"面板，在"大小"选项的下拉列表中选择"根据变量"，并取消勾选"显示菜单栏"复选框，如图 11-2 所示。

图 11-2

（2）切换到"交互作用"选项卡，在"标签"选项的文本框中输入文字"点击我"，此时"等待按钮"选项框中的按钮文字也随之变为"点击我"，如图 11-3 所示。

图 11-3

（3）将图标工具栏中的"显示"图标圖拖曳到流程设计窗口中的流程线上，并将其命名为"背景"，如图 11-4 所示。用鼠标双击"显示"图标，并在弹出的演示窗口中导入图片，如图 11-5 所示。

图 11-4　　　　　　　　　　图 11-5

（4）拖曳一个"等待"图标WAIT到流程线上，并将其命名为"等待"。再拖曳一个"判断"图标◇到流程线上，将其命名为"判断"。这时，"判断"图标上出现一个"s"，如图 11-6 所示，这是因为系统在默认的状态下自动为判断图标选择了"顺序分支路径"方式。

（5）用鼠标双击"判断"图标，弹出"属性"面板，在"重复"选项的下拉列表中选择"固定的循环次数"，并在下方的文本框中输入"5"，设置顺序执行分支 5 次，如图 11-7 所示。

图 11-6　　　　　　　　　　图 11-7

（6）拖曳一个"群组"图标到"判断"图标◇的右侧，并将其命名为"闪烁文字"，如图 11-8 所示。用鼠标双击"群组"图标，弹出"闪烁文字"的流程设计窗口。拖曳一个"等待"图标WAIT到流程线上，并将其命名为"等待 1 秒"，如图 11-9 所示。

图 11-8　　　　　　　　　　　　　图 11-9

（7）用鼠标双击"等待"图标，弹出"属性"面板，在"时限"选项的文本框中输入"1"，如图 11-10 所示。

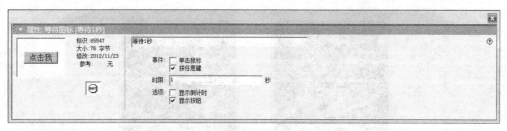

图 11-10

（8）拖曳一个"显示"图标到流程线上，并将其命名为"文字"。用鼠标双击"显示"图标，并在弹出的演示窗口中导入图片，效果如图 11-11 所示。

（9）拖曳一个"等待"图标到流程线上，并将其命名为"等待 1 秒"，如图 11-12 所示。用鼠标双击"等待"图标，弹出"属性"面板，并在"时限"选项的文本框中输入"1"。

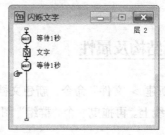

图 11-11　　　　　　　　　　　　图 11-12

（10）如果想要设置文字闪烁 5 次后继续留在屏幕上，需要在主流程线上再添加一个同样的"显示"图标。

（11）在"闪烁文字"的流程设计窗口中选中"显示"图标"文字"，如图 11-13 所示。选择"编辑 > 复制"命令，复制"显示"图标。选择主流程设计窗口，在流程线的最下方单击鼠标，出现手形图标，选择"编辑 > 粘贴"命令，将复制的"显示"图标进行粘贴，如图 11-14 所示。

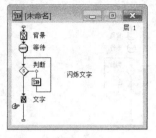

图 11-13　　　　　　　　　　图 11-14

（12）运行程序。在屏幕的左上方出现一个按钮"点击我"，单击这个按钮，如图 11-15 所示，文字开始闪烁。文字闪烁 5 次后保留在屏幕上，效果如图 11-16 所示。闪烁的文字制作完成。

图 11-15　　　　　　　　图 11-16

提示　选中"属性"面板，在"重复"选项的下拉列表中选择"直到单击鼠标或按任意键"。运行程序，单击"点击我"按钮后，文字将不受次数限制地闪烁，直到用户单击鼠标或按下任意按键才会停止。

11.1.2　判断结构及属性

选择"文件 > 新建 > 文件"命令，新建文档。将图标工具栏中的"判断"图标◇拖曳到流程设计窗口中的流程线上。再拖曳一个"群组"图标到"判断"图标的右侧，如图 11-17 所示。

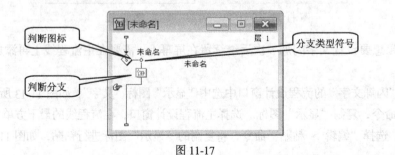

图 11-17

用鼠标双击"判断"图标，弹出"属性"面板，如图 11-18 所示。

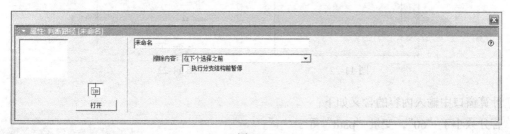

图 11-18

"重复"选项：用于定义判断图标运行时的重复方式。

"不重复"用于设置不重复分支。当每个分支被执行一次后，就会退出判断结构。"固定的循环次数"用于输入一个数值、变量或表达式，用来决定分支重复执行的次数。如果输入的值小于0，表示不重复，程序会退出或越过此判断图标；如果输入的值大于现有分支数，程序会顺序重复执行分支。"所有的路径"设置直到所有的分支都被执行到，程序才会退出此判断结构。"直到单击鼠标或按任意键"设置一直在判断结构中执行，直到用户单击鼠标或按下任意一个按键才能退出程序。"直到判断值为真"设置每次执行分支前，先判断条件（变量或表达式）是否为真。若条件不为真，就继续执行分支；若条件为真，就退出此判断结构。

"分支"选项：用于定义判断图标运行时如何选择分支。

"顺序分支路径"用于设置顺序执行各分支。"随机分支路径"用于设置随机选取任意一个分支。"在未执行的路径中随机选择"用于设置随机选取任意一个未被执行过的分支。"计算分支结构"用于依据条件（变量或表达式）计算的结果来确定执行哪个分支。

"复位路径入口"复选框：清除对已经执行的分支的记录，使判断图标下的分支恢复原始状态，像没被执行过一样。

"时限"选项：用于设置执行判断结构的时间值。当设置的时间一到，程序会自动终止对此判断结构的执行，而不管分支是否执行完毕。如果勾选了"显示剩余时间"复选框，在演示窗口中会出现一个显示当前剩余时间的小闹钟。

用鼠标双击分支上的分支类型符号◇，弹出"属性"面板，如图 11-19 所示。

图 11-19

"擦除内容"选项：用于设置分支内容擦除的方式。

"在下个选择之前"设置在显示下一个分支内容前擦除当前分支内容。"在退出之前"设置在判断图标执行时，保留当前分支内容，在退出判断结构时清除分支内容。"不擦除"设置离开判断结构后不擦除分支内容。

"执行分支结构前暂停"复选框：勾选此复选框后，在执行分支前屏幕上会出现一个等待按钮，用户单击此按钮后才能进入分支执行。

11.1.3　由条件决定分支

在判断图标中用户可以利用条件来选择要执行的分支。例如当完成一道课程测试时，可以根据测试情况进行分析，并给出反馈意见。

新建文档。将图标工具栏中的"计算"图标 📄 拖曳到流程设计窗口中的流程线上，并将其命名为"分数"，如图 11-20 所示。用鼠标双击"计算"图标，在弹出的计算窗口中输入内容，如图 11-21 所示，为变量"score"定义一个 30~100、取值间隔为 1 的随机值，用其模拟课程测试的成绩，按数字键盘上的<Enter>键保存计算窗口中的内容。

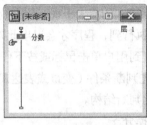
图 11-20

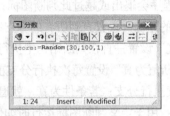
图 11-21

再次拖曳一个"计算"图标 📄 到流程线上，并将其命名为"路径"，如图 11-22 所示。用鼠标双击"计算"图标"路径"，在弹出的计算窗口中输入内容，如图 11-23 所示，按数字键盘上的<Enter>键保存计算窗口中的内容。

图 11-22

图 11-23

计算窗口中输入内容的含义如下：

若分数小于"60"，变量"path"等于"1"；

若分数小于"75"，变量"path"等于"2"；

若分数小于"85"，变量"path"等于"3"；

若分数大于"85"，变量"path"等于"4"。

拖曳一个"判断"图标 ◇ 到流程线上，并将其命名为"反馈信息"。再向流程线上拖曳 4 次"显示"图标 📄，并分别命名为"较差"、"及格"、"良好"、"优异"，如图 11-24 所示。

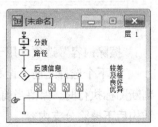
图 11-24

用鼠标双击"判断"图标，弹出"属性"面板，在"分支"选项的下拉列表中选择"计算分支结构"，并在下方的文本框中输入"path"，如图 11-25 所示，定义由变量"path"的数值来决定执行哪个分支。

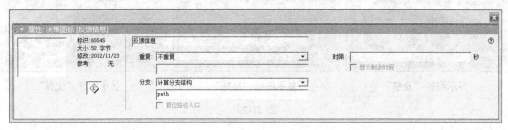

图 11-25

单击"显示"图标"较差"的分支类型符号◇，弹出"属性"面板，在"擦除内容"选项的下拉列表中选择"不擦除"，如图 11-26 所示，该属性定义了分支内容不擦除，可以使判断循环结束后评价内容不消失。用相同的方法设置其他 3 个分支的擦除属性为"不擦除"。

图 11-26

此时，"判断"图标上的字母变为"C"，判断结构的样式也发生变化，如图 11-27 所示。用鼠标双击"显示"图标"较差"，在弹出的演示窗口中导入图片。选择"文本"工具 **A**，在演示窗口中输入成绩及反馈意见，并设置适当的字体、文字大小及显示模式，其中"{score}"指的是成绩变量的值，如图 11-28 所示。

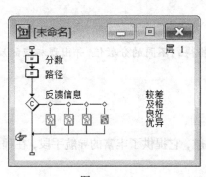

图 11-27

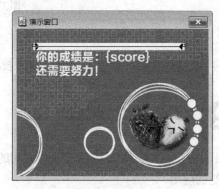

图 11-28

用相同的方法，在其他 3 个"显示"图标中分别导入图片、输入成绩及反馈意见，如图 11-29 所示。

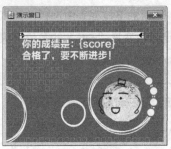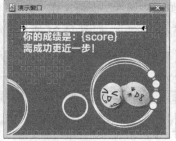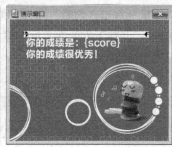

显示图标"及格"　　　　　　　显示图标"良好"　　　　　　　显示图标"优异"

图 11-29

　　运行程序，效果如图 11-30 所示。"计算"图标为变量"score"定义了一个随机的分数值，然后由此得出变量"path"的值，最后"判断"图标会根据变量"path"的数值自动选择相应的分支，并给出相应的反馈意见。

　　也就是说按照之前的设置，当分数小于 60 时，会执行分支"较差"，出现的反馈意见是"还需要努力！"；当分数小于 75 而大于 60 时，会执行分支"及格"，出现的反馈意见是"合格了，要不断进步！"；当分数小于 85 而大于 75 时，会执行分支"良好"，出现的反馈意见是"离成功更近一步！"；当分数大于 85 时，会执行分支"优异"，出现的反馈意见是"你的成绩很优秀！"。

图 11-30

　　分数值是随机产生的，因此每次运行程序将得到不同的分数值，并出现相应的反馈信息。

11.2　"框架"图标

　　"框架"图标可以实现在多个分支页面之间的导航，它提供了丰富的导航手段，在程序设计中得到了广泛的应用。

11.2.1　框架结构

　　新建文档。选择"修改 > 文件 > 属性"命令，弹出"属性"面板，在"大小"选项的下拉列表中选择"根据变量",并取消勾选"显示菜单栏"复选框,如图 11-31 所示。

图 11-31

将图标工具栏中的"框架"图标回拖曳到流程设计窗口中的流程线上,并将其命名为"照片框架",如图 11-32 所示。双击"框架"图标,弹出"照片框架"的流程设计窗口,如图 11-33 所示。该流程结构中包含了"交互"图标 和"导航"图标 ,其中"交互"图标用于实现按钮交互的功能,"导航"图标用于实现分支之间的管理。

图 11-32

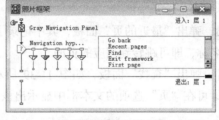
图 11-33

运行程序,在屏幕的右上方出现导航面板,如图 11-34 所示。导航面板中包含 8 个按钮,可以实现向前翻页、向后翻页、查找、退出等多项功能。其位置可以调整,但必须要将组成导航面板的多个按钮及面板底图一起选取并移动。

拖曳 1 个"显示"图标到"框架"图标回的上方,并将其命名为"背景",再拖曳 4 个"显示"图标到"框架"图标回的右侧,并分别命名,如图 11-35 所示。

图 11-34

图 11-35

提示 当向流程线上拖曳"显示"图标超过 6 个时,在流程线的右侧会自动多出一个滚动条,拖曳滚动条可以查看"显示"图标的名称。

用鼠标双击"显示"图标"背景"，在弹出的演示窗口中导入图片，如图 11-36 所示。用相同的方法，在其他 4 个"显示"图标中分别导入不同的图片，并调整导航面板的位置。运行程序，可以看见第 1 分支中的图片显示出来，如图 11-37 所示，使用导航面板可以在各个分支图片之间翻页和跳转。

图 11-36   图 11-37

单击按钮 ，弹出"最近的页"面板，其中记录了最近浏览的分支图片，如图 11-38 所示。双击任意分支的名称，即可跳转到相应的页面。

单击按钮 ，弹出"查找"面板，如图 11-39 所示，在"字/短语"选项的文本框中输入要查找的关键字，即可在"页"选项的文本框中显示出该关键字所在的页面。

图 11-38   图 11-39

11.2.2 编辑导航面板

框架结构中的导航按钮是可以修改的，可以对其进行编辑，如调整其位置、删除部分不使用的按钮、调整按钮的外观等。

继续 11.2.1 小节的操作。用鼠标双击流程线上的"框架"图标 ，弹出"照片框架"的流程设计窗口，将"Go back"、"Recent pages"、"Find"这 3 个"导航"图标删除，如图 11-40 所示。

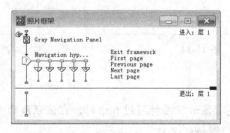

图 11-40

用鼠标双击"显示"图标"Gray Navigation Panel"，在弹出的演示窗口中删除导航面板的底图。选择"矩形"工具□，在工具箱的下方设置填充的样式，再在演示窗口的下方绘制一个矩形，并设置矩形的边线、填充色和背景色，如图 11-41 所示。

选择"照片框架"的流程设计窗口，双击流程线上的"交互"图标，在弹出的演示窗口中调整导航按钮的位置，如图 11-42 所示。

图 11-41

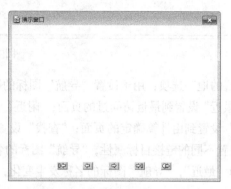

图 11-42

运行程序。单击导航按钮可浏览图片，如图 11-43 所示。

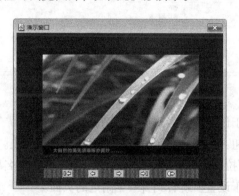

图 11-43

11.3　"导航"图标

在"框架"图标中包含了许多"导航"图标，利用"导航"图标可以实现"框架"图标的导航功能。

"导航"图标有两种不同的使用场合。一是实现程序自动执行的转移，把"导航"图标拖曳到流程线上，当程序执行到"导航"图标时，系统自动跳转到该图标指定的目的位置。二是实现交互控制的转移，使"导航"图标依附于"交互"图标，创建一个交互结构。当程序条件或操作满足响应条件时，系统自动跳转到"导航"图标指定的位置。

选择"文件 > 新建 > 文件"命令，新建文档。将图标工具栏中的"导航"图标▽拖曳到流程线上，如图 11-44 所示。

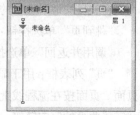

图 11-44

双击"导航"图标，弹出"属性"面板，如图 11-45 所示。

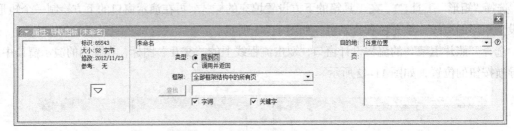

图 11-45

"目的地"选项：用于设置"导航"图标的链接目标属性。

"最近"设置到最近访问过的页面；"附近"设置到相邻的页面；"任意位置"设置到任何页面；"计算"设置到由计算确定的页面；"查找"设置到搜索得到的页面。

设置不同的链接目标属性，"导航"图标的名称也会随之变化。在"目的地"选项的下拉列表中选择"最近"，"导航"图标的名称发生变化，如图 11-46 所示。

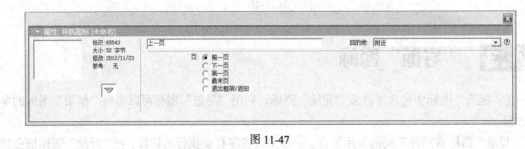

图 11-46

"返回"单选按钮：用于设置回到当前页前面刚浏览的一页。

"最近页列表"单选按钮：用于查看用户已经浏览过的页面列表。

在"目的地"选项的下拉列表中选择"附近"，"导航"图标的名称发生变化，如图 11-47 所示。其中，"页"选项组用于设置要跳转到哪一个附近的页面。

图 11-47

在"目的地"选项的下拉列表中选择"任意位置"，如图 11-48 所示。

"跳到页"单选按钮：用于设置直接跳转到设定的页面。

"调用并返回"单选按钮：用于调用设定的页面，执行完毕后返回到当前位置。

"页"列表框：用于显示某个框架结构中的分支页面，或是整个程序中所有的框架结构的分支页面。页面按在流程线上的排列顺序显示在"页"列表框中，此时可单击某个页面名称，建立一个链接此页的定向链接。

"查找"按钮 查找 ：用于查找所搜索的关键词或短语所在的页面。

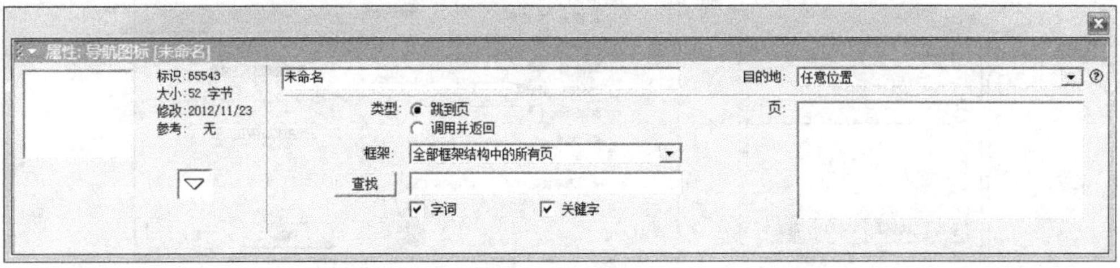

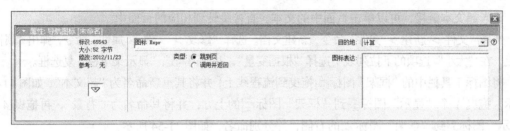

图 11-48

在"目的地"选项的下拉列表中选择"计算","导航"图标的名称发生变化，如图 11-49 所示。

图 11-49

"图标表达"列表框：用于设置程序跳转的目的位置。在此列表框中可以输入一个表达式，表达式的结果就是程序要跳转的目标图标的目的位置。

在"目的地"选项的下拉列表中选择"查找","导航"图标的名称发生变化，如图 11-50 所示。

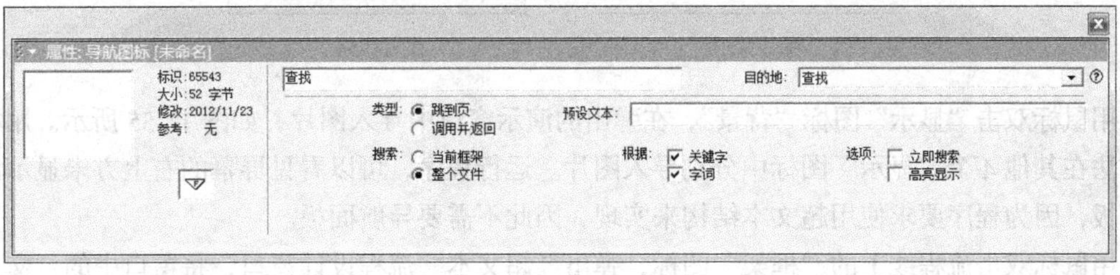

图 11-50

"预设文本"选项：用于输入查找词语或者代表某一词语的变量。

"搜索"选项组：用于设置查找范围是当前的框架还是整个文件。

"根据"选项组：用于设置查找是在框架各页面的关键字中进行还是在文本中进行。

"选项"选项组：用于设置查找的属性。

当"目的地"选项设置为"查找"时，运行程序，将弹出"查找"对话框，如图 11-51 所示。在"字/短语"选项的文本框中输入要查询的词语，单击"查找"按钮 查找 ，程序将显示含有此语句的页面名称，单击页面名称将进入相应的页面。

选择"修改 > 文件 > 导航设置"命令，在弹出的"导航设置"对话框中可以设置"查找"对话框的样式，如图 11-52 所示。

图 11-51   图 11-52

11.4 超文本链接

设置超文本链接，可以单击页面中的文本，直接跳转到相应的页面中。

选择"文件 > 新建 > 文件"命令，新建文档。选择"修改 > 文件 > 属性"命令，弹出"属性"面板，在"大小"选项的下拉列表中选择"根据变量"，并取消勾选"显示菜单栏"复选框。

将图标工具栏中的"框架"图标[口]拖曳到流程线上，并将其重新命名为"超文本"，如图 11-53 所示。拖曳 1 个"显示"图标[圆]到"框架"图标[口]的上方，并将其命名为"背景"，再拖曳 4 个"显示"图标[圆]到"框架"图标[口]的右侧，并分别命名，如图 11-54 所示。

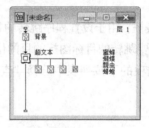

图 11-53   图 11-54

用鼠标双击"显示"图标"背景"，在弹出的演示窗口中导入图片，如图 11-55 所示。用相同的方法在其他 4 个"显示"图标中分别导入图片。运行程序，可以看见屏幕的右上方未显示出导航面板，因为程序要求使用超文本结构来实现，因此不需要导航面板。

用鼠标双击流程线上的"框架"图标，弹出"超文本"流程设计窗口，将窗口中的"交互"图标及所有分支都删除，如图 11-56 所示。

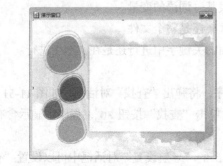

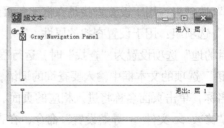

图 11-55   图 11-56

用鼠标双击"显示"图标"Gray Navigation Panel",弹出其相应的演示窗口。在演示窗口中删除导航面板的底图。选择"文本"工具 **A**,输入用于交互的文字,如图 11-57 所示。

选择"文本 > 定义样式"命令,弹出"定义风格"对话框,如图 11-58 所示。

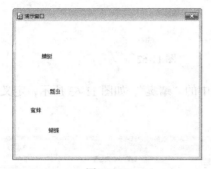

图 11-57

图 11-58

单击"添加"按钮,在对话框左侧的文字风格框中会出现一个"新样式"字样,将其重新命名为"超文本"。在对话框中设置其他选项,如图 11-59 所示。

图 11-59

单击"导航到"复选框右侧的图标☑,弹出"属性"面板,如图 11-60 所示,在"目的"选项的下拉列表中选择"任意位置",并在"页"选项框中出现"框架"图标的几个分支。关闭面板。单击"定义风格"对话框中的"完成"按钮。

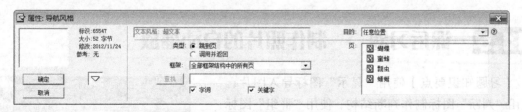

图 11-60

选择"文本 > 应用样式"命令,弹出"应用样式"面板,列出了刚才设置好的文字风格,如图 11-61 所示。如果在"定义风格"对话框中设置了多种文字风格,那么在"应用样式"面板中将显示出多个选项。

选择"文本"工具 **A**,在演示窗口中选中文字"蜻蜓",如图 11-62 所示。在"应用样式"面板中勾选"超文本"复选框。

用图标区... 按钮，在"Navigation Panel"，删除对话框中的图标，也就是不删除该页面显示超链接的部分。将"页"选项框中的"蜻蜓"文本，如图11-57所示。设置"文本"与图片对照，如图... 如图11-58所示。

图 11-61   图 11-62

在弹出的"属性"面板中，选择"页"选项框中的"蜻蜓"，如图 11-63 所示，定义文本"蜻蜓"链接到"蜻蜓"分支上。

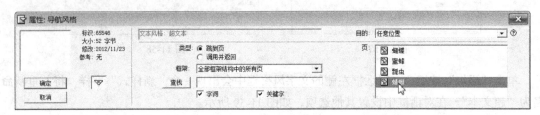

图 11-63

用相同的方法，将其他的文字与相应的分支进行链接。运行程序。单击屏幕上左侧的文字，右侧就会显示出相应的图片，如图 11-64 所示。

图 11-64

11.5 课后习题——制作照片的自动播放

【习题知识要点】使用"显示"图标导入图片；使用"判断"图标制作判断结构；使用"群组"图标制作群组结构；使用"计算"图标设置函数和变量。最终效果如图 11-65 所示。

【效果所在位置】光盘/Ch11/效果/制作照片的自动播放.a7p。

图 11-65

第12章

知识对象的应用

本章主要介绍知识对象的基本概念及应用知识对象建立模块、修改标题、创建知识对象集的方法。通过本章的学习，读者可以掌握知识对象的应用方法和技巧，学会将一些常用的设计内容模块化。掌握好知识对象的应用，可以使没有经验的设计者轻松快速地完成设计任务，而使有经验的开发者能够用其自动生成重复性的设计工作，以提高工作效率。

课堂学习目标

- 知识对象及教学测试题
- 信息对话框
- 应用滚动条调节动画播放速度
- RTF 文件的编辑和应用

12.1 知识对象及教学测试题

知识对象是根据逻辑关系封装的模型，使用时插入到作品程序中。知识对象不同于一般的模块或模组，它与向导相连接。向导是 Authorware 提供的用于在插入知识对象的作品处建立、修改或增加新内容的一个界面。使用知识对象可以制作教学测试题等。下面具体介绍知识对象及制作教学测试题的方法。

命令介绍

真-假问题：可以添加图标到流程线上，并根据向导制作判断题。

单选问题：可以添加图标到流程线上，并根据向导制作单选题。

12.1.1 课堂案例——制作测试题

【案例学习目标】使用知识对象制作测试题。

【案例知识要点】使用"导入"命令导入背景图片；使用文本工具输入文字；使用知识对象面板添加判断题和单选题；使用按钮编辑对话框设置按钮的样式。最终效果如图 12-1 所示。

【效果所在位置】光盘/Ch12/效果/制作测试题.a7p。

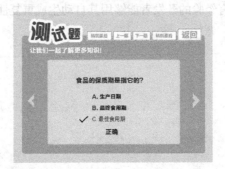

图 12-1

（1）选择"文件 > 新建 > 文件"命令，新建文档。选择"修改 > 文件 > 属性"命令，弹出"属性"面板，将"大小"选项设置为"根据变量"，并取消勾选"显示菜单栏"复选框，如图 12-2 所示。

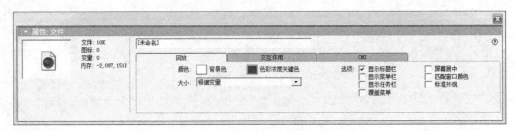

图 12-2

（2）将图标工具栏中的"显示"图标圙拖曳到流程设计窗口中的流程线上，并将其命名为

"背景"，如图 12-3 所示。双击"显示"图标，弹出演示窗口。选择"文件 > 导入和导出 > 导入媒体"命令，弹出"导入哪个文件？"对话框，选择光盘中的"Ch12 > 素材 > 制作测试题 > 01"文件，单击"导入"按钮，将图片导入到演示窗口中，并根据需要调整演示窗口的大小，效果如图 12-4 所示。

| 图 12-3 | 图 12-4 |

（3）将图标工具栏中的"显示"图标拖曳到流程设计窗口中的流程线上，并将其命名为"文字"，如图 12-5 所示。双击"显示"图标，弹出演示窗口。在工具箱中选择"文本"工具 **A**，在窗口中输入需要的文字，并调整文字的字体、大小和显示模式，如图 12-6 所示，填充为白色。

| 图 12-5 | 图 12-6 |

（4）将图标工具栏中的"框架"图标拖曳到流程设计窗口中的流程线上，并将其命名为"测试题"，如图 12-7 所示。选择"窗口 > 面板 > 知识对象"命令，弹出"知识对象"面板，在"分类"选项中选择"评估"，并在知识对象列表框中选择"真-假问题"选项，如图 12-8 所示。

| 图 12-7 | 图 12-8 |

（5）单击前方的图标并将其拖曳到流程线上框架图标的右侧，在流程线上出现"知识对象"图标，同时弹出"True-False Knowledge Object: Introduction"对话框，如图 12-9 所示。单击"Next"按钮，在弹出的对话框中进行设置，如图 12-10 所示。单击"Next"按钮，在弹出的对话框中进行设置，如图 12-11 所示。单击"Next"按钮，弹出对话框，分别单击下方的英文字，并在上方的文本框中编辑，设置如图 12-12 所示。单击"Next"按钮，弹出相应的对话框，单击"Done"按钮，完成设置。

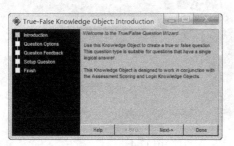

图 12-9　　　　　　　　　　　　　图 12-10

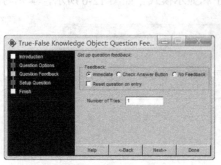

图 12-11

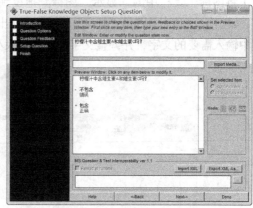

图 12-12

（6）在"知识对象"面板中，选择"单选问题"选项，如图 12-13 所示。在流程线上出现"知识对象"图标，同时弹出"Single Choice Knowledge Object: Introduction"对话框，如图 12-14 所示。单击"Next"按钮，在弹出的对话框中进行设置，如图 12-15 所示。单击"Next"按钮，在弹出的对话框中进行设置，如图 12-16 所示。

图 12-13

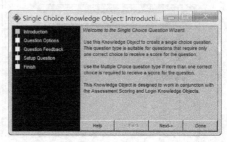

图 12-14

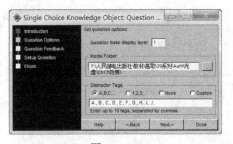

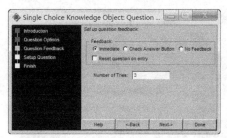

图 12-15　　　　　　　　　　　　　　　　　图 12-16

（7）单击"Next"按钮，弹出对话框，分别单击下方的英文字，并在上方的文本框中编辑，设置如图 12-17 所示。单击"Next"按钮，弹出相应的对话框，单击"Done"按钮，完成设置。用相同的方法再设置 1 个单选问题，如图 12-18 所示。

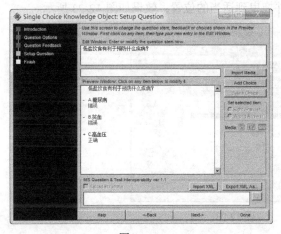

图 12-17　　　　　　　　　　　　　　　　图 12-18

（8）单击常用工具栏中的"运行"按钮 ▶ 运行程序，如图 12-19 所示。按<Ctrl>+<P>组合键，暂停程序。分别选取文字，将其拖曳到适当的位置，并调整其字体和文字大小，效果如图 12-20 所示。

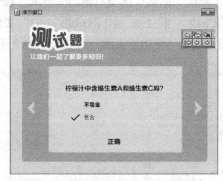

图 12-19　　　　　　　　　　　　　　　　图 12-20

（9）用相同的方法调整其他 2 个习题的文字位置及字体和文字大小，效果如图 12-21 所示。拖曳演示窗口将所有按钮显示出来，如图 12-22 所示。

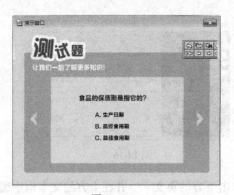

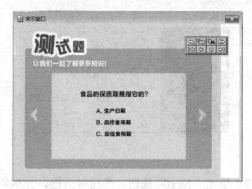

图 12-21　　　　　　　　　　　　　　　　图 12-22

（10）双击"测试题"图标，在弹出的演示窗口中将不需要的按钮选取，按<Delete>键，将其删除。运行并暂停程序，分别选取按钮并拖曳到适当的位置，效果如图 12-23 所示。

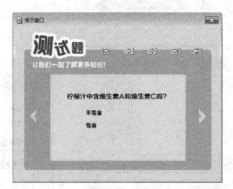

图 12-23

（11）用鼠标在演示窗口中双击第 1 个按钮，弹出"属性"面板，单击面板左侧的"按钮"按钮 按钮... ，弹出"按钮"对话框。单击对话框左下方的"添加"按钮 添加... ，弹出"按钮编辑"对话框。在"状态"选项组中单击"常规"模式中的"未按"状态 □ ，并在周围出现黑色的边框，如图 12-24 所示。

（12）单击"图案"选项右侧的"导入"按钮 导入... ，在弹出的"导入哪个文件？"对话框中选择"Ch12 > 素材 > 制作测试题 > 02"文件，单击"导入"按钮，图片被导入，"图案"选项中的设置变为"使用导入图"，如图 12-25 所示。

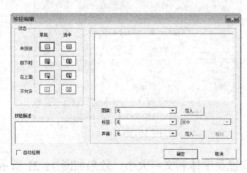

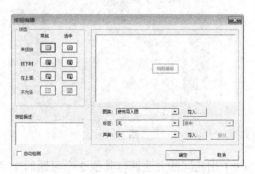

图 12-24　　　　　　　　　　　　　　　　图 12-25

（13）在"状态"选项组中单击"常规"模式中的"按下"状态 ，并在周围出现黑色的边框。单击"图案"选项右侧的"导入"按钮 导入... ，在弹出的"导入哪个文件？"对话框中选择"Ch12 > 素材 > 制作测试题 > 03"文件，单击"导入"按钮，图片被导入，"图案"选项中的设置变为"使用导入图"，如图 12-26 所示。

（14）单击"确定"按钮，自定义的按钮图案出现在"按钮"对话框中，如图 12-27 所示，单击"确定"按钮，回到"属性"面板。

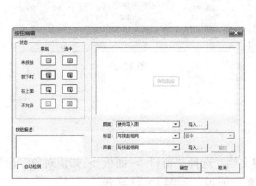
图 12-26

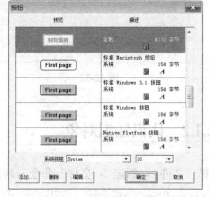
图 12-27

（15）在"属性：交互图标"面板中切换到"按钮"选项卡，单击"鼠标"选项右侧的按钮 ... ，弹出"鼠标指针"对话框，选择手形指针 ，如图 12-28 所示，单击"确定"按钮。属性面板中的鼠标指针变为手形，如图 12-29 所示。

图 12-28

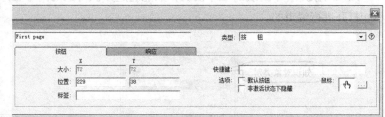
图 12-29

（16）按钮"转到最前"设置完成，效果如图 12-30 所示。用相同的方法设置其他按钮，效果如图 12-31 所示。

图 12-30

图 12-31

（17）分别拖曳按钮到适当的位置，如图 12-32 所示。测试题制作完成，单击常用工具栏中的

"运行"按钮 ▶ 运行程序，按<Ctrl>+<P>组合键，播放测试题，效果如图 12-33 所示。

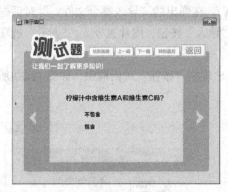

图 12-32

图 12-33

12.1.2　认识知识对象

选择"文件 > 新建 > 文件"命令，新建文档。选择"窗口 > 面板 > 知识对象"命令，或按<Ctrl>+<Shift>+<K>组合键，弹出"知识对象"面板，如图 12-34 所示。

"分类"选项：可以从中选择知识对象的类别。

"刷新"按钮：指若用户增加了新的知识对象，单击该按钮进行刷新即可看到新的知识对象。

"知识对象"列表框：列出某一类别下的所有知识对象。

"描述"选项：对当前某个知识对象进行简单的描述。

Authorware 软件系统本身提供了 49 个知识对象，被分为 9 个类别，如图 12-35 所示。

知识对象是一个封装的程序模块，只能通过知识对象的向导程序对其内容进行设置，一般是不能打开进行编辑的。

图 12-34

图 12-35

12.1.3　教学测试题

选择"文件 > 新建 > 文件"命令，新建文档。选择"修改 > 文件 > 属性"命令，弹出"属性"面板，设置"大小"选项为"根据变量"，并取消勾选"显示菜单栏"命令，如图 12-36 所示。

图 12-36

在流程线上添加显示图标并导入需要的图片。再将"框架"图标 🔲 拖曳到流程线上，并重新命名为"测试题"，如图 12-37 所示。选择"窗口 > 面板 > 知识对象"命令，弹出"知识对象"面板，在"分类"选项中选择"评估"，并在知识对象列表框中选择"真-假问题"选项，如图 12-38 所示。单击前方的图标并将其拖曳到流程线上框架图标的右侧，在流程线上出现"知识对象"图标，同时弹出"True-False Knowledge Object：Introduction"对话框，如图 12-39 所示。

图 12-37

图 12-38

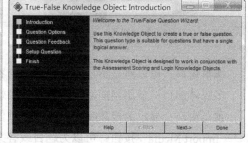

图 12-39

单击"Next"按钮，弹出"True-False Knowledge Object：Question Options"对话框，可以设置问题所在的图标层次和引用的媒体素材所在的目录，如图 12-40 所示。单击"Next"按钮，弹出"True-False Knowledge Object：Question Feedback"对话框，如图 12-41 所示。

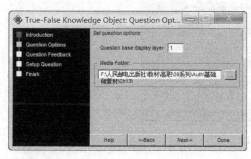

图 12-40

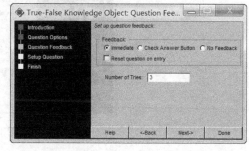

图 12-41

其中"Feedback"选项又包括以下 4 个选项。

"Immediate"单选按钮：在用户选择答案后立即显示反馈信息。

"Check Answer Button"单选按钮：显示一个检测答案的按钮。

"No Feedback"单选按钮：不显示反馈。

"Reset question on entry"复选框：再次遇到这个知识对象时重新回答问题。

单击"Next"按钮，弹出"True-False Knowledge Object: Setup Question"对话框，定义测试题目并确定答案。可以根据需要定义测试题内容及答案，如图 12-42 所示。修改内容的具体方法，是在预览窗口选择某一个项目（文字），然后在编辑窗口中进行修改，修改完后按<Enter>键即可。对于答案，要设置其正确与否。

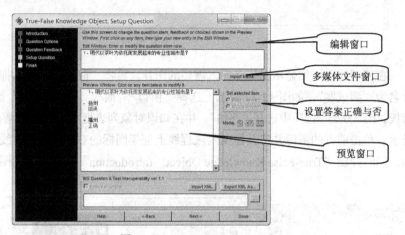

图 12-42

编辑窗口：可以对显示在此窗口中的内容进行修改。

多媒体窗口：显示当前对象所包含的多媒体文件。

预览窗口：显示为拖放响应设置的区域位置及反馈信息。

"Import Media"按钮：可以为题目或答案引入多媒体信息。

"Set selected item"选项：可以设置哪个答案正确或错误。

单击"Next"按钮，弹出"True-False Knowledge Object: Finish"对话框，如图 12-43 所示，单击"Done"按钮，完成向导程序。

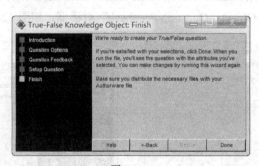

图 12-43

在流程设计窗口中的流程线上将其重命名为"是非题"，如图 12-44 所示。用相同的方法将"知识图标"面板中的"单选问题"前面的图标拖曳到"是非题"图标的右侧，弹出的向导程序设置与前面的设置基本相同，这里就不再赘述。设置完成后，在流程线上将其重命名为"单选题"，如图 12-45 所示。

单击常用工具栏中的"运行"按钮 运行程序，当画面上出现测试题的内容及答案时，按<Ctrl>+<P>组合键，使程序暂停运行，然后调整按钮及文字位置，如图 12-46 所示。重新运行程序，在回答是非题时，答案的正确与否会立即显示。而回答选择题后，会出现一个"Check Answer"

按钮，如图 12-47 所示，单击该按钮会对回答情况进行判断。

图 12-44　　　　　　　　　　　　　　图 12-45

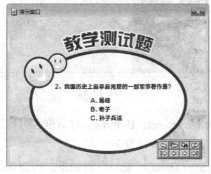

图 12-46　　　　　　　　　　　　　　图 12-47

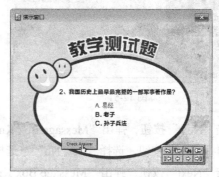

提示　可以在选择题知识对象的向导程序中设置选择答案后直接检查对错，而不显示这个 "Check Answer" 按钮。

12.2　信息对话框

在设计媒体课件时，要时刻注意给用户以提示。使用户对自己的操作和程序的运行进行控制，进而避免一些错误操作。下面具体介绍使用信息对话框的方法。

继续 10.1.7 小节的操作。打开 "03.a7p" 程序，如图 12-48 所示。将图标工具栏中的 "群组" 图标 拖曳到按钮交互类型的分支，并重命名为 "退出"，如图 12-49 所示。双击 "群组" 图标 ，打开二级流程图。选择 "窗口 > 面板 > 知识对象" 命令，弹出 "知识对象" 面板，在 "分类" 选项中选择 "界面构成"，并在知识对象列表框中选择 "消息框" 选项，如图 12-50 所示。

图 12-48　　　　　　　　图 12-49　　　　　　　　

图 12-50

单击前方的图标并将其拖曳到流程线上，在流程线上出现"知识对象"图标，同时弹出"Message Box Knowledge Object：Introduction"对话框，如图 12-51 所示。

单击"Next"按钮，弹出"Message Box Knowledge Object：Modality"对话框，可以选择信息对话框的特征模式，共有 4 种模式类型。其中前 3 种在出现对话框时，允许用户切换到其他程序使用，最后一种是不允许的。选择"Task Modal"单选按钮，如图 12-52 所示。

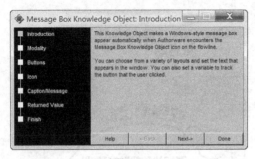

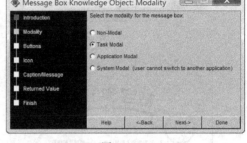

图 12-51　　　　　　　　　　　　　　　　　图 12-52

单击"Next"按钮，弹出"Message Box Knowledge Object：Buttons"对话框，可以选择出现在信息对话框上的按钮，选择"Yes, No"单选按钮，如图 12-53 所示。

单击"Next"按钮，弹出"Message Box Knowledge Object：Icon"对话框，可以选择出现在信息框中的小图标，这里选择"Exclamation"单选按钮，如图 12-54 所示。

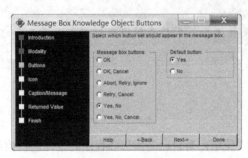

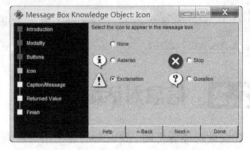

图 12-53　　　　　　　　　　　　　　　　　图 12-54

单击"Next"按钮，弹出"Message Box Knowledge Object：Caption/Message"对话框，可以输入对话框的标题和内容，如图 12-55 所示。

单击"Next"按钮，弹出"Message Box Knowledge Object：Returned Value"对话框，定义存入返回值的变量，并选择返回值是按钮还是按钮名称，如图 12-56 所示。

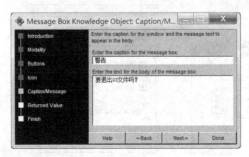

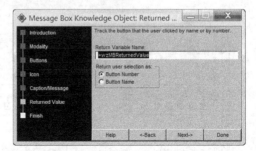

图 12-55　　　　　　　　　　　　　　　　　图 12-56

按钮名称和数值对应关系，如表 12-1 所示。

表 12-1

按 钮 名 称	按 钮 数 值	按 钮 文 字
OK	1	确定
Cancel	2	取消
Abort	3	终止
Retry	4	重试
Ignore	5	忽略
Yes	6	是
No	7	否

变量名称是可变的。在变量栏输入 "=check"，定义用变量 check 来存储返回值。单击 "Next" 按钮，会弹出一个提示对话框，如图 12-57 所示，说明选择的变量在当前程序中不存在，询问是否创建该变量。

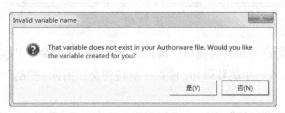

图 12-57

单击 "是" 按钮，则变量 "check" 被创建。单击 "Next" 按钮，弹出 "Message Box Knowledge Object：Finish" 对话框，单击 "Preview Results" 按钮，可预览定义的对话框的样式，如图 12-58 所示。结束预览后，单击 "Done" 按钮，可以完成知识对象的设置。在二级流程线上将其重新命名为 "消息框"，如图 12-59 所示。

图 12-58

图 12-59

将图标工具栏中的 "判断" 图标◇拖曳到二级流程线上，并重命名为 "是否"，如图 12-60 所示。再分别拖曳两个 "计算" 图标到 "判断" 图标的右侧，并分别命名为 "是" 和 "否"，如图 12-61 所示。

双击 "判断" 图标◇，弹出 "属性" 对话框，将 "分支" 选项设置为 "计算分支结构"，并在下方的文本框中输入计算表达式 "Test(check=6,1,2)"，如图 12-62 所示。定义按照变量 check 的值来选择分支。当单击 "是" 按钮后，变量 check 的值为 6，条件 "check=6" 成立，所以决策图标就执行第一分支（"是"分支）。

图 12-60

图 12-61

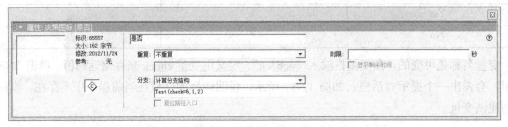
图 12-62

双击"是"计算图标，弹出计算窗口，输入结束程序运行的命令"Quit()"。双击"否"计算图标，弹出计算窗口，输入一个跳转语句，使程序跳转到交互图标"控制"处继续执行，如图 12-63 所示。

单击常用工具栏中的"运行"按钮 ▶ 运行程序，单击"退出"按钮，会出现一个提示对话框，询问是否要退出当前程序，如图 12-64 所示。若单击"是"按钮，则程序终止。若单击"否"按钮，则程序重新返回交互图标"按钮交互"处继续执行。

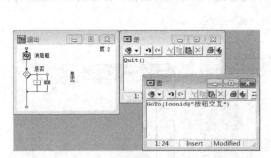
图 12-63

图 12-64

12.3 应用滚动条调节动画播放速度

在 Authorware 中可以利用滚动条来调节图片的位置、动画播放的速度等。下面具体介绍利用知识对象中的滑动条来调节动画播放速度的方法。

选择"文件 > 新建 > 文件"命令，新建文档。选择"修改 > 文件 > 属性"命令，弹出"属性"面板，设置"大小"选项为"根据变量"，并取消勾选"显示菜单栏"命令，如图 12-65 所示。

图 12-65

选择"窗口 > 面板 > 知识对象"命令，弹出"知识对象"面板，在"分类"选项中选择"界面构成"，并在知识对象列表框中选择"滑动条"选项，如图 12-66 所示。单击前方的图标并将其拖曳到流程线上，在流程线上出现"知识对象"图标，同时弹出"Slider Knowledge Object：Introduction"对话框，如图 12-67 所示。

图 12-66

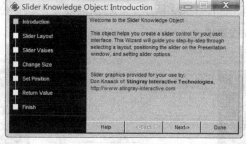

图 12-67

单击"Next"按钮，弹出"Slider Knowledge Object：Slider Layout"对话框，可以选择标尺的外观，系统提供了多种标尺样式供选择，还可以选择标尺是垂直方向或者水平方向，如图 12-68 所示。

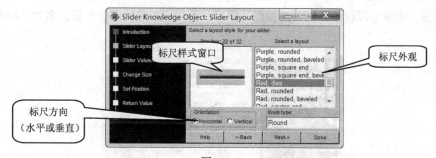

图 12-68

单击"Next"按钮，弹出"Slider Knowledge Object：Slider Values"对话框，定义标尺起止数值，其默认值为 1 和 100。可以根据程序的需要任意修改，如图 12-69 所示。

单击"Next"按钮，弹出"Slider Knowledge Object：Change Size"对话框，定义标尺的外观尺寸，如图 12-70 所示。一般在此不需要修改，后面可以根据程序内容再进行修改。

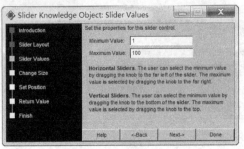

图 12-69

图 12-70

单击"Next"按钮，弹出"Slider Knowledge Object：Set Position"对话框，定义标尺在屏幕上的位置，如图 12-71 所示。可以输入"X"和"Y"值来定义标尺在屏幕上的坐标位置，也可以直接从方格框中选择大致位置。

单击"Next"按钮，弹出"Slider Knowledge Object：Return Value"对话框，提示该如何来显示游标的数值，如图 12-72 所示。在后面需要使用游标位置值时要使用"PathPosition@"Slider""来调用游标位置数值。

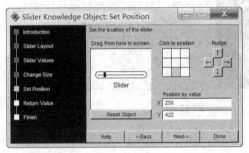

图 12-71

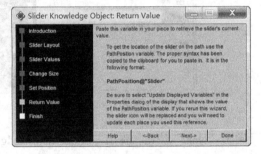

图 12-72

单击"Next"按钮，弹出"Slider Knowledge Object：Finish"对话框，如图 12-73 所示。单击"Done"按钮，完成标尺设置，回到流程设计窗口，将知识对象的图标重新命名为"标尺"。

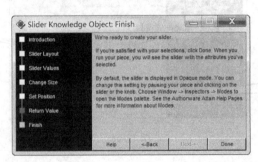

图 12-73

单击常用工具栏中的"运行"按钮 ▶ 运行程序，可以看到一个滚动条。按<Ctrl>+<P>组合键，暂停程序。调整滚动条，可以看到滚动条是由两段标尺及游标组成的，如图 12-74 所示。可以像对普通的显示图标一样对标尺各部分进行修改，包括缩放、移动甚至更换图片，如图 12-75 所示。不需要调整游标的位置，它会自动定位到标尺上。

图 12-74

图 12-75

如果重新执行"Slider"知识对象的向导程序，则标尺又会变成初始的样式。

将图标工具栏中的"显示"图标⊠拖曳到流程设计窗口中的流程线上，并命名为"游标值"。双击"显示"图标⊠，弹出"属性"面板，并勾选"更新显示变量"复选框，以保证变量值的实际显示，如图 12-76 所示。

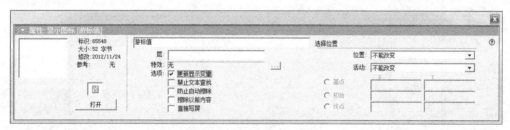

图 12-76

拖曳一个"数字电影"图标到流程线上，并命名为"电影"。在"属性"面板中，单击"导入"按钮，弹出"导入哪个文件？"对话框，选取需要的文件，单击"导入"按钮，导入一个动画文件。在"属性"面板中，切换到"计时"选项卡，将"速率"设为"PathPosition@"Slider""，其他选项的设置如图 12-77 所示。定义动画持续播放，并且播放速率由游标的位置值来确定。

关闭电影属性窗口。单击常用工具栏中的"运行"按钮 ▶ 运行程序，可见开始时动画的播放非常缓慢（因为这时游标的初始位置值为 1），调节滚动条的游标，动画的播放速度就开始变化，并且播放速率随着游标位置的变化而实时地变化，如图 12-78 所示。

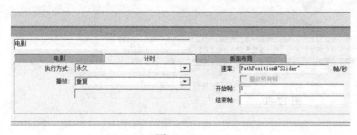

图 12-77

图 12-78

12.4 RTF 文件的编辑和应用

RTF（Rich text formant）文件是一种可以包含文字、图片和热字等多种媒体的文档。Authorware 可以直接对 RTF 格式的文档进行编辑，并且通过 RTF 知识对象对它进行使用。

12.4.1 RTF 文件的编辑

选择"命令 > RTF 对象编辑器"命令，弹出"RTF Objects Editor-Document 1.rtf"编辑器，如图 12-79 所示。

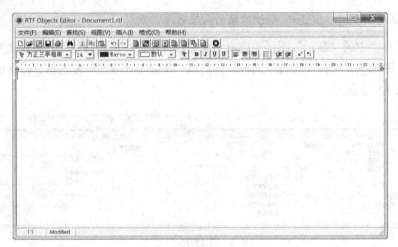

图 12-79

利用这个编辑器，可以对文档进行编辑，设置字体、色彩、插入图片、热字等，然后将编辑好的文档保存，如图 12-80 所示。

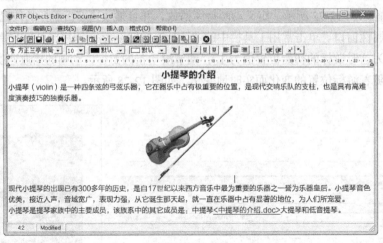

图 12-80

12.4.2　RTF 文档的使用

RTF 文档可以直接用显示图标调用，但那样仅能够显示其中的文字内容。因此，为了有效地使用 RTF 文件，Authorware 特意提供了一类 RTF 知识对象。

选择"文件 > 新建 > 文件"命令，新建文档。选择"修改 > 文件 > 属性"命令，弹出"属性"面板，设置"大小"选项为"根据变量"，并取消勾选"显示菜单栏"命令，如图 12-81 所示。

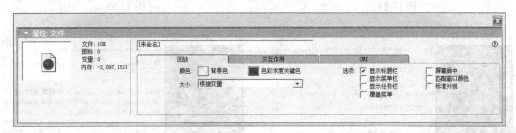

图 12-81

选择"窗口 > 面板 > 知识对象"命令，弹出"知识对象"面板，在"分类"选项中选择"RTF 对象"，并在知识对象列表框中选择"创建 RTF 对象"选项。单击前方的图标并将其拖曳到流程线上，弹出提示对话框，如图 12-82 所示。单击"确定"按钮，弹出"Save File As"对话框，为文件命名，单击"保存"按钮，将文件保存。同时弹出"Create RTF Object: Introduction"对话框，如图 12-83 所示。

图 12-82

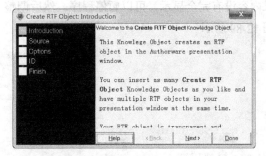

图 12-83

单击"Next"按钮，弹出"Create RTF Object：Source"对话框，可以选择 RTF 文档，如图 12-84 所示。其中两个选项分别说明了文档是否使用相对路径、是否直接显示。

单击"Next"按钮，弹出"Create RTF Object：Options"对话框，可以选择文档是否卷滚、显示的起止页面等，如图 12-85 所示。

单击"Next"按钮，弹出"Create RTF Object：ID"对话框，要求用一个变量记录当前 RTF 对象的 ID 标识，如图 12-86 所示，可以按照自己的喜好定义一个变量。

单击"Next"按钮，弹出"Create RTF Object：Finish"对话框，如图 12-87 所示。说明 RTF 对象已经设置完毕。同时还说明如果要发布作品，必须将 RTFObj.u32 同时发布。

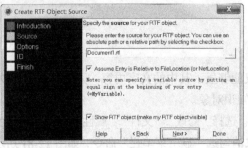

图 12-84   图 12-85

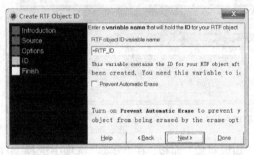   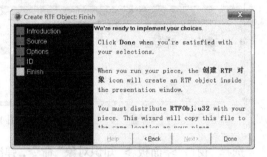

图 12-86   图 12-87

单击"Done"按钮，就可以完成 RTF 对象的设置了。在流程设计窗口，出现了一个"创建 RTF 对象"图标，如图 12-88 所示。

单击常用工具栏中的"运行"按钮 运行程序，可以看到 RTF 文档的内容出现在显示窗口中。如果内容没有完全显示，可以暂停程序，然后调整 RTF 文档显示区域的大小，使全部内容显示，如图 12-89 所示。

   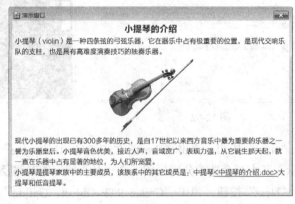

图 12-88   图 12-89

12.4.3 获取 RTF 文档中的内容

继续 12.4.2 小节的操作。选择"窗口 > 面板 > 知识对象"命令，弹出"知识对象"面板，在"分类"选项中选择"RTF 对象"，并在知识对象列表框中选择"获取 RTF 对象文本区"选项，如图 12-90 所示。

图 12-90

单击前方的图标并将其拖曳到流程线上，弹出"Get RTF Object Text Range：Introduction"对话框，如图 12-91 所示。

单击"Next"按钮，弹出"Get RTF Object Text Range：ID"对话框，如图 12-92 所示，要求指定一个 RTF 对象的 ID 标识，这个 RTF 对象必须是已经由"Create RTF Object"产生的对象。

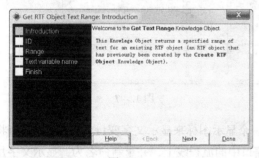

图 12-91

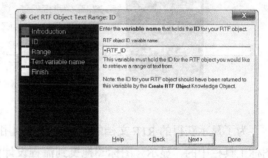

图 12-92

单击"Next"按钮，弹出"Get RTF Object Text Range：Range"对话框，要求定义显示文字的起止位置，可以根据需要任意定义，这里设置显示第 60 ~ 300 个字符之间的内容，如图 12-93 所示。

单击"Next"按钮，弹出"Get RTF Object Text Range：Text variable name"对话框，要求定义保存文字内容的变量的名称，一般采用默认变量即可，如图 12-94 所示，当然也可以自定义变量名。

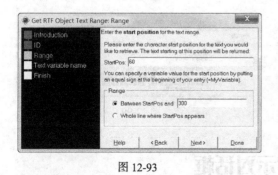

图 12-93

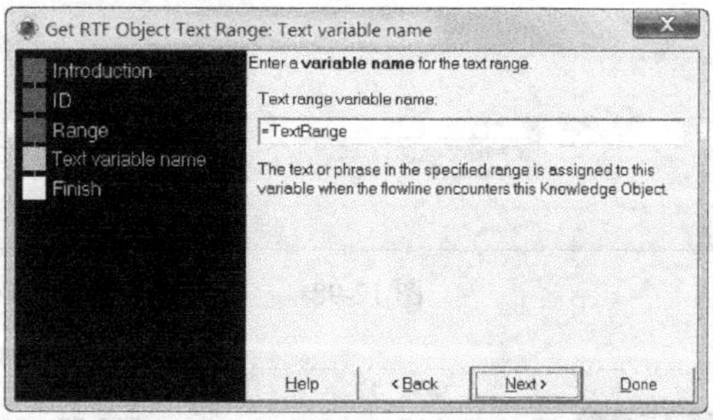

图 12-94

单击"Next"按钮，会弹出一个提示对话框，如图 12-95 所示，说明程序中没有变量"TextRange"，询问是否创建这个变量，单击需要的按钮。

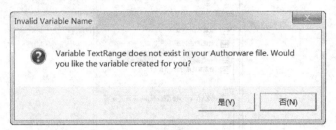

图 12-95

弹出"Get RTF Object Text Range：Finish"对话框，如图 12-96 所示，单击"Done"按钮，"获取 RTF 对象文本区域"知识对象图标出现在流程线上，如图 12-97 所示。

图 12-96　　　　　　　　　　　　　图 12-97

为了显示获得的 RTF 文档的内容，需要利用一个显示图标来显示文字变量"TextRange"。将图标工具栏中的"显示"图标拖曳到流程设计窗口中的流程线上，并重新命名为"显示文字片段"。打开显示窗口，输入如图 12-98 所示的内容，显示变量"TextRange"。

单击常用工具栏中的"运行"按钮运行程序，可以看到程序准确地将选取的一部分文字内容显示出来，如图 12-99 所示。

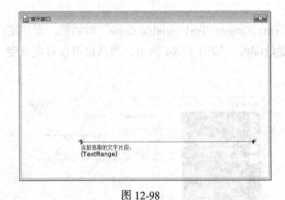

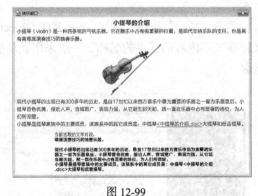

图 12-98　　　　　　　　　　　　　图 12-99

12.5　课后习题——制作提示对话框

【习题知识要点】使用导入命令导入背景和图片；使用按钮编辑对话框设置按钮的样式；使用

知识对象制作提示对话框。最终效果如图 12-100 所示。

　　【效果所在位置】光盘/Ch12/效果/制作提示对话框.a7p。

图 12-100

第13章
模组与作品发布

　　本章主要介绍建立模组和发布作品的方法。通过本章的学习，读者可以掌握建立模组的方法，以及程序设计完成后，将作品打包与发布的方法。掌握好这些方法，读者可以更方便、快捷、有效地创建文件并将其发布。

课堂学习目标

- 模组的建立和应用
- 作品的打包与发布

13.1 模组的建立和应用

除了单个图标在程序中会遇到重用的现象，图标组合也会被重用。若每次都设置相同的图标组合将会十分麻烦。下面用模组来解决这个问题。

13.1.1 建立一个模组

图 13-1

模组实际上是把一些图标的组合保存成一个小模块，可以应用到作品的任何地方，也可以作为经验保存下来，方便以后在其他程序中使用。

单击常用工具栏中的"新建"按钮，新建文档。分别拖曳一个"显示"图标、一个"等待"图标和一个"擦除"图标到流程设计窗口中的流程线上，并分别将其命名为"显示"、"等待 3 秒"和"擦除"，如图 13-1 所示。

双击"显示"图标，弹出演示窗口。单击常用工具栏中的"导入"按钮，弹出"导入哪个文件？"对话框，选择需要的文件，单击"导入"按钮，导入文件。双击"等待"图标，弹出"属性"按钮，将"时限"选项设置为 3，如图 13-2 所示。单击"擦除"图标，弹出"属性"按钮，将特效设置为需要的擦除样式，如图 13-3 所示。

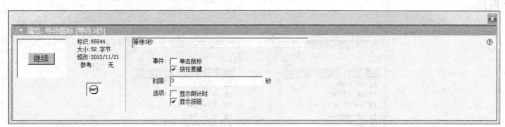

图 13-2

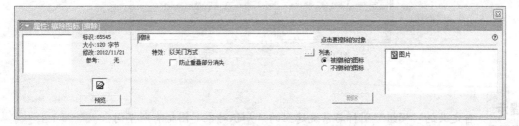

图 13-3

用圈选的方法将 3 个图标同时选取，选择"文件 > 存为模板"命令，弹出"保存在模板"对话框，定义模组的名称及位置，如图 13-4 所示。系统默认的存储位置为 Authorware 安装目录下的"Knowledge Objects"子目录。为了便于管理模组，可以在其中新建一个文件夹，如"my model"，将模组文件命名为"d-w-e"，并保存在该文件夹下。

模组保存后，其文件后缀名为".a7d"。从 Windows 的资源管理器窗口，可以看到"Knowledge Objects"文件夹中有一个"my model"文件夹，其中出现了一个"d-w-e.a7d"文件，如图 13-5 所示。

图 13-4   图 13-5

提示 　模组的名称可以任意定义，但是模组的保存位置一定要在"Knowledge Objects"目录下，这样才能够直接从知识对象面板中调用。

  一旦在知识对象面板中建立一个自定义模组对象，则该模组对象就作为了系统的一个永久对象，即便是关闭当前程序，进入其他的程序中，该模组对象依然存在。要想去除它，只有将该文件从知识对象目录中删除。

  选择"窗口 > 面板 > 知识对象"命令，弹出"知识对象"面板，这时知识对象面板中还没有刚刚添加的文件夹和模组，如图 13-6 所示。单击"刷新"按钮，其中有自定义的模组，如图 13-7 所示。

图 13-6   图 13-7

提示 　自定义的"模组"图标与系统建立的"知识对象"图标有所不同。

13.1.2　使用自定义模组

  单击常用工具栏中的"新建"按钮 ，新建文档。选择"窗口 > 面板 > 知识对象"命令，弹出"知识对象"面板，在知识对象列表框中选择"d-w-e"选项，如图 13-8 所示。单击前方的图标并将其拖曳到流程线上，模组内容就会自动粘贴到流程线上，如图 13-9 所示。其中的图标内容、等待时间和擦除关系都保持不变。

图 13-8　　　　　　　　　　图 13-9

单击常用工具栏中的"运行"按钮 运行程序，可以看到图片显示 3s 后被自动擦除，完全继承了自定义模组中的内容设置。同时，也可以修改各个图标的内容，使其更符合程序的需要。

模组具有以下一些特点。

（1）模组可以将一些功能性的程序结构永久地保存起来，以便其他程序使用。

（2）引入到流程线上的模组对象与知识对象面板中的模组没有链接关系，它仅仅是一个复制。

（3）在流程线上修改模组内容不会影响到知识对象面板中模组的内容。

（4）一组开发人员可以利用模组来标准化他们的程序流程。

（5）不必再一个一个拖曳图标建立结构。

（6）建立的模组适用于所有程序。

（7）只进行少量修改，就可以满足不同程序的需要。

对于别人创建的模组，为了使它应用到自己的程序中，需要将它复制到 Authorware 软件的"Knowledge Objects"目录下。当某个模组不再需要时，利用 Windows 资源管理器在 Authorware 目录下找到"Knowledge Objects"子目录，并从中选择要卸载的模组文件，把它删除即可。

13.1.3　自定义图标

单击常用工具栏中的"新建"按钮 ，新建文档。将图标工具栏中的"显示"图标 拖曳到流程设计窗口中的流程线上，并命名为"图片"。用鼠标双击"显示"图标 ，弹出演示窗口。选择"文件 > 导入和导出 > 导入媒体"命令，将图片导入到演示窗口中，效果如图 13-10 所示。关闭演示窗口。

图 13-10

从流程线上拖曳显示图标"图片"到图标工具栏。从图标工具栏拖曳一个"显示"图标圈到流程线上，会发现新拖入的"显示"图标的名称也是"图片"。双击"显示"图标圈，弹出演示窗口，其中的内容与前一个"显示"图标的内容完全一样，如图 13-11 所示。可见这个显示图标与前面拖入到图标工具栏里的那个"显示"图标相同，即具有原"显示"图标全部的内容。

从图标工具栏拖曳一个"显示"图标圈到流程线上，会发现它仍然具有这个特点。可以对新引入的图标中的内容任意修改，并不影响图标工具栏中重定义了的"显示"图标的内容。按住<Ctrl>键的同时，从图标工具栏拖曳一个"显示"图标圈到流程线上，可以看到原始样式的"显示"图标出现在流程线上，如图 13-12 所示。

图 13-11

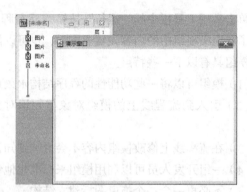
图 13-12

提示　还可以将计算图标、交互图标、声音图标、群组图标等也进行自定义，其操作方式同显示图标一样。

自定义一个"计算"图标、一个"交互"图标，然后打开"知识对象"面板，单击"刷新"按钮，选择"图标调色板设置"类别，会发现自定义的图标出现在窗口中，如图 13-13 所示。自定义图标都是以该图标的类型为名称。

图 13-13

要删除自定义的图标，有以下两种方法。

（1）使用原始图标替换：按住<Ctrl>键的同时，从图标工具栏拖动图标到流程线上，可见图标的原始样式出现在流程线上。再将这个原始样式的图标拖回到图标工具栏，则图标就会恢复到原始样式。但这种情况下，在知识对象面板中仍然还包括自定义的图标。

（2）删除自定义图标：既然这些自定义图标是知识对象的一个类别，那么一定是被保存在"Knowledge Objects/Icon Palette Settings"目录下。利用 Windows 的资源管理器打开该目录，可以看到自定义的图标确实以知识对象的形式保存在该目录下。删除该目录下的这些文件，即可删除自定义的图标。

 提示

如果不删除自定义图标，那么新建一个文件，自定义图标仍然会起作用。

13.2 作品的打包与发布

在 Authorware 中将程序完成后，可以把作品生成一个与 Authorware 创作环境无关的程序，然后将程序打包发布。下面具体介绍将作品打包与发布的方法和技巧。

13.2.1 作品发布的参数设置

继续 11.2 节的操作。打开"框架结构.a7p"文件，如图 13-14 所示。选择"文件 > 发布"命令，弹出其子菜单，如图 13-15 所示，包含的是与作品发布和打包相关的命令。

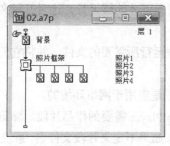

图 13-14

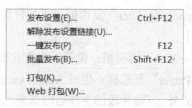

图 13-15

"发布设置"：对作品的发布参数进行设置。

"解除发布设置链接"：在 Windows 的注册表中为当前程序建立一个 ID，不论当前程序保存在什么位置、是否更名，其发布参数都不会改变。

"一键发布"：按照设置情况将作品发布。

"批量发布"：对多个文件成批进行发布。

"打包"：对作品打包。

"Web 打包"：将作品进行网络环境下的打包。

下面说明各命令的参数设置。

1. "发布设置"参数设置

选择"发布设置"命令，弹出如图 13-16 所示的对话框，除窗口最上方显示的是当前文件的路径及名称外，还包含了多个设置选项卡，可以满足多种发布和打包方式的要求。

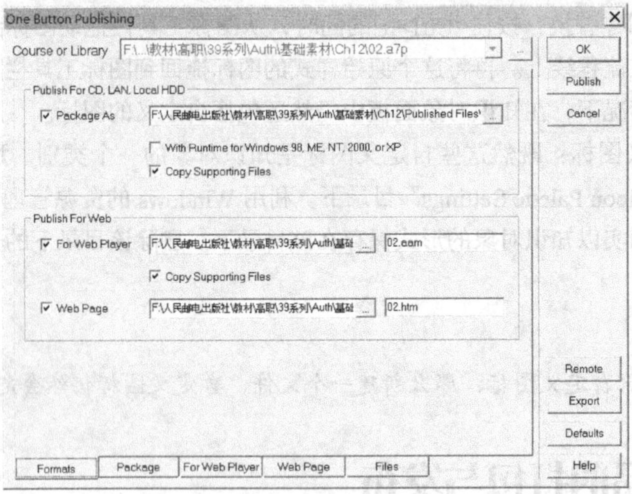

图 13-16

（1）"Formats"选项卡：显示的是作品将要发布的类型、发布文件存放的位置、文件名等总体信息。

"Publish For CD, LAN, Local HDD"选项组：说明下面的发布设置是应用于 CD、LAN 或本地硬盘。

"Package As"复选框：指示打包文件存放的位置。

"With Runtime for Windows 98, ME, NT, 2000, or XP"复选框：勾选此选项，打包后的文件是一个可以独立在 Windows 98/Me/NT/2000/XP 环境下运行的可执行程序（EXE）。不勾选此选项，则打包后的文件必须在有"Runa7w32.exe"文件的情况下才能够运行，这时打包文件是以"a7r"为后缀的文件。

"Copy Supporting Files"复选框：寻找打包文件运行所需要的文件，并将它们复制到打包文件所在文件夹中。

"Publish For Web"选项组：说明下面的发布设置是应用于网络环境的。

"For Web Player"复选框：生成 Authorware Web Player 需要的作品片段。除第 1 个片段的文件后缀为".aam"外，其他片段的文件后缀都是".aas"。如果不定义片段文件名，系统自动以 0000～9999 数字顺序作为文件名。

"Web Page"复选框：生成使用浏览器观看需要的网页，后缀为".htm"。

网络环境下的 Authorware 作品播放需要使用 Authorware Web Player，这是一个很小的浏览器插件，安装后可以直接利用浏览器观看 Authorware 制作的多媒体作品。一般可以从 http://www.macromedia.com/support/authorware/下载。

（2）"Package"选项卡：是一个打包选项，内容如图 13-17 所示。

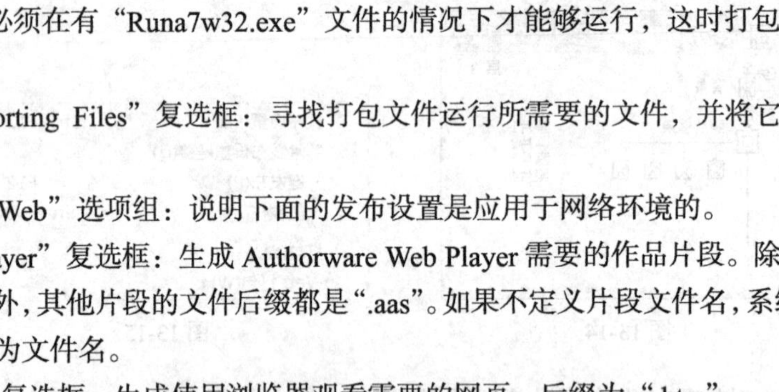

图 13-17

"Package All Libraries Internally" 复选框：使 Authorware 将所有与程序链接的库文件打包成 EXE 文件的一部分。

"Package External Media Internally" 复选框：使 Authorware 将所有外部的媒体打包成作品的一部分，但是这仍然不能包括数字电影。

"Referenced Icons Only" 复选框：仅将程序中所有的库图标打包。

"Resolve Broken Links at Runtime" 复选框：当编写 Authorware 程序时，每放一个新图标在流程线上，系统会自动记录图标的所有数据，并且 Authorware 内部以链接方式将数据串连起来。一旦程序进行了修改操作，Authorware 里的链接会重新调整，某些数据链就会形成断链。为了不让程序运行过程中出现问题，最好勾选此选项，让 Authorware 自动处理链接。

（3）"For Web Player" 选项卡：主要包括了网络片段文件的大小、名称、安全性以及是否使用智能流技术等选项的设置，如图 13-18 所示。一般采用默认值即可。

图 13-18

（4）"Web Page" 选项卡：主要包括网页的模板、大小、外购和播放控制等参数，如图 13-19 所示，一般不需要修改它。从这个选项卡可以看到 "Web Player" 使用版本是 7.0。

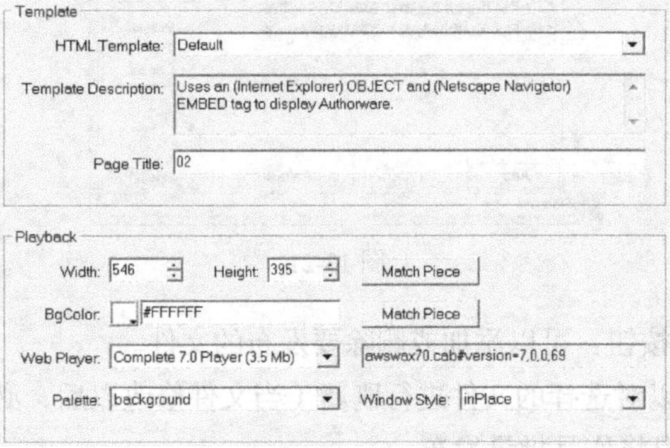

图 13-19

（5）"Files" 选项卡：自动列出了需要发布的文件、发布的目标位置等信息，包括设计的程序、XTRAS 文件、用户自定义文件（U32）、动态链接库文件（DLL）和外部文件等。通过其中的几个按钮还可以增加、删除文件，查找额外需要的文件等，如图 13-20 所示。这是一个非常重要的选项卡，在第 1 次作品发布时都应仔细审查一下这里是否包括了自己作品所需要的全部文件。一些外部文件，特别是计算图标引用的文件，如电影、音乐等，系统无法自动包含进来，需要使用 "Add File(s)" 按钮添加到发布文件的清单中。

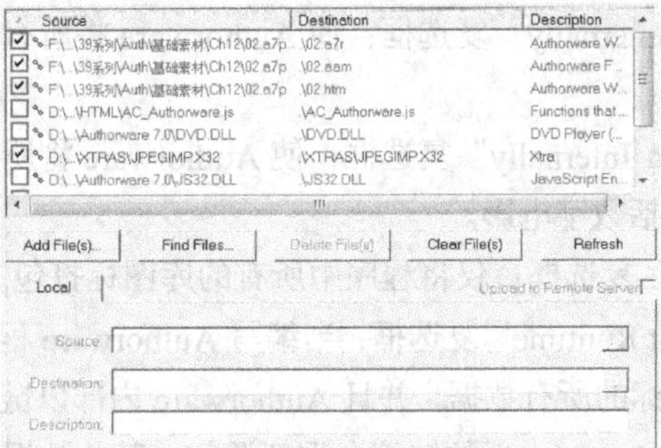

图 13-20

> **提示**　如果不想发布作品，通过选择"命令"菜单下的"查找 Xtras"命令，就可以了解程序中使用了哪些 Xtras 文件。

单击对话框右侧的"OK"按钮，将参数设置保存并关闭窗口，但不发布作品。"Publish"按钮，可以按照设置好的参数将作品发布。"Remote"按钮，可以直接将作品通过 FTP 方式发布到远端服务器。"Export"按钮，可以将当前参数设置情况输出到一个文件中。"Defaults"按钮，可以将参数设置恢复到系统默认状态。

2．"发布"子菜单中的其他命令

（1）"批量发布"命令：可以将多个作品批量发布，如图 13-21 所示。

图 13-21

"Add"或"Delete"按钮：可以添加或删除要发布的文件。

"Refresh"按钮：可以对选择的文件进行刷新（当文件修改以后，必须刷新）。

"Publish"按钮：可以将作品批量发布。

> **提示**　如果在批量发布的过程中，有一个文件的发布出现问题，批量发布就将停止，同时会出现一个错误提示。

（2）如果不将文件发布为网页等格式，Authorware 还提供了一个比较单纯的 Package 打包方式，如图 13-22 所示。

对话框的上面是一个下拉列表框，其中有两个选项，分别适用于不同的计算机软件环境。

"无需 Runtime"：产生的文件并不是可执行文件，而是"*.app"文件，这是 Authorware 特有的文件格式，它的文件较小，但是必须通过 Authorware 的 Runtime 程序来执行。

"应用平台 Windows XP, NT 和 98 不同"：打包成一个可在 Windows XP，NT 和 Windows 98 的各种版本下运行的 EXE 文件。

其他选项与前面发布参数设置处相同，这里不再赘述。

（3）Web 打包：可以将 Authorware 生成的 "*.a7r" 文件打包为可以在网络环境下使用的作品片段，如图 13-23 所示，其功能与作品发布设置中的 "For Web Player" 选项卡内容相似，这里不再赘述。

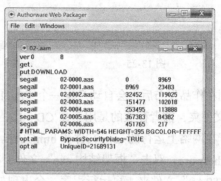

图 13-22   图 13-23

13.2.2 作品的发布

选择"文件 > 发布 > 发布设置"命令，弹出"One Button Publishing"对话框，设置需要的参数，如图 13-24 所示。将程序发布为 EXE 可执行程序以及网络格式的文件。注意要为网络文件定义一个名称，这里简单定义为"aa"。

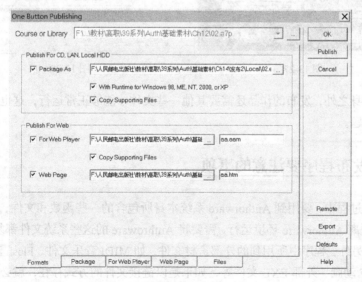

图 13-24

完成设置后，单击"Publish"按钮发布作品。打开资源管理器，在刚才选择的打包目录下找到该打包文件，如图 13-25 和图 13-26 所示。

图 13-25

图 13-26

可以看到在作品发布后，会自动产生一个"Published Files"文件夹，其中又包含"Local"和"Web"两个文件夹，前者存放的是用于在 CD、LAN 和本地硬盘上运行的 EXE 文件程序，后者存放的是用于在网络上运行的 aam 文件和 htm 文件。

关闭 Authorware，双击"框架结构.exe"文件，程序能够顺利运行，如图 13-27 所示。

删除"XTRAS"文件夹，再运行程序，会出现如图 13-28 所示的错误提示，说明程序遇到了问题。

图 13-27

图 13-28

除了程序本身之外，发布的作品还需要其他一些文件才能够正常运行，这也就是在发布作品时需要注意的问题。

13.2.3 发布程序要注意的事项

程序在编制过程中，要用到 Authorware 系统本身所包含的一些函数和文件，为了使打包后的 EXE 文件能够脱离 Authorware 环境运行，需要将 Authroware 的这些系统文件都复制到 EXE 文件所在的目录下。另外，程序中所用到的外部素材文件，如 MIDI 音乐文件、Flash 动画、AVI 动画、Mpeg 动画、GIF 动画、外部 EXE 文件等，如果是以链接文件的方式存在，就必须将它们也复制到 EXE 文件所在目录下。

一般来说，下面这些文件必须随程序一起发布：

（1）Authorware 的 XTRAS 文件夹及需要的 XTRAS 文件。

（2）Authorware 的部分驱动程序（后缀为 ".xmo"）。例如："a5mpeg32.xmo" 是 MPEG 格式视频文件的驱动程序，"a5vfw32.xmo" 是 AVI 格式文件的驱动程序。

（3）程序中用到的 UCD 文件（后缀为 ".ucd" 或 ".u32"）。

（4）程序中用到的外部素材文件。

在 Authorware 中，由于系统可以自动地搜索程序需要的文件，因此减少了许多麻烦。但是读者一定要对作品发布的过程十分清楚，对于作品需要什么样的外部文件十分清楚，这样才能保证作品最终发布和应用的成功。

提示　如果确实不清楚到底需要哪些 Authorware 的系统文件，建议将其全部的驱动程序和动态链接库都复制过来。

多媒体作品一般都是采用光盘的方式发布的，因为作品中往往包含有大量的图片、文字、声音和动画等素材，数据量比较大，只有光盘是比较合适的载体。不管采用什么样的刻录软件进行刻录，光盘刻录完毕后一定要在多台计算机上进行测试，而且最好是由不同的人来进行测试，这样便于发现问题。当所有这些测试都是正常的，就可以放心地发布作品了。